D1747591

Daniel Scheide

Die Nutria in Deutschland

Ökologie, Verbreitung, Schäden und Management im internationalen Vergleich

Diplomica Verlag GmbH

Scheide, Daniel: Die Nutria in Deutschland: Ökologie, Verbreitung, Schäden und Management im internationalen Vergleich. Hamburg, Diplomica Verlag GmbH 2013

Buch-ISBN: 978-3-8428-9398-6
PDF-eBook-ISBN: 978-3-8428-4398-1
Druck/Herstellung: Diplomica® Verlag GmbH, Hamburg, 2013

Bibliografische Information der Deutschen Nationalbibliothek:
Die Deutsche Nationalbibliothek verzeichnet diese Publikation in der Deutschen Nationalbibliografie; detaillierte bibliografische Daten sind im Internet über http://dnb.d-nb.de abrufbar.

Das Werk einschließlich aller seiner Teile ist urheberrechtlich geschützt. Jede Verwertung außerhalb der Grenzen des Urheberrechtsgesetzes ist ohne Zustimmung des Verlages unzulässig und strafbar. Dies gilt insbesondere für Vervielfältigungen, Übersetzungen, Mikroverfilmungen und die Einspeicherung und Bearbeitung in elektronischen Systemen.

Die Wiedergabe von Gebrauchsnamen, Handelsnamen, Warenbezeichnungen usw. in diesem Werk berechtigt auch ohne besondere Kennzeichnung nicht zu der Annahme, dass solche Namen im Sinne der Warenzeichen- und Markenschutz-Gesetzgebung als frei zu betrachten wären und daher von jedermann benutzt werden dürften.

Die Informationen in diesem Werk wurden mit Sorgfalt erarbeitet. Dennoch können Fehler nicht vollständig ausgeschlossen werden und die Diplomica Verlag GmbH, die Autoren oder Übersetzer übernehmen keine juristische Verantwortung oder irgendeine Haftung für evtl. verbliebene fehlerhafte Angaben und deren Folgen.

Alle Rechte vorbehalten

© Diplomica Verlag GmbH
Hermannstal 119k, 22119 Hamburg
http://www.diplomica-verlag.de, Hamburg 2013
Printed in Germany

Inhaltsverzeichnis

Abbildungsverzeichnis III

Tabellenverzeichnis VIII

Abstract .... - 1 -

1. Einleitung .... - 3 -
2. Methode .... - 6 -
3. Geschichte .... - 8 -
   3.1. *Ursprüngliches Verbreitungsgebiet* .... - 8 -
   3.2. *Systematik* .... - 9 -
   3.3. *Zucht* .... - 10 -
4. Ökologie .... - 13 -
   4.1. *Körperliche Merkmale* .... - 13 -
   4.2. *Vergleich zu Biber und Bisam* .... - 16 -
   4.3. *Ernährung* .... - 23 -
   4.4. *Lebensweise* .... - 29 -
      4.4.1. Habitat .... - 29 -
      4.4.2. Baue .... - 31 -
      4.4.3. Nester .... - 32 -
      4.4.4. Verhalten .... - 33 -
5. Verbreitung .... - 42 -
   5.1. *Ausbreitung der Nutria* .... - 42 -
   5.2. *Verbreitung in Deutschland* .... - 49 -
   5.3. *Internationale Verbreitung* .... - 54 -
6. Einfluss auf das Ökosystem .... - 61 -
7. Wirtschaftliche Schäden .... - 67 -
   7.1. *Schäden in Deutschland* .... - 68 -

	7.2. *Schäden auf internationaler Ebene*	- 71 -
8.	Management	- 73 -
	8.1. *Jagd*	- 73 -
	8.2. *Weitere Kontrollmaßnahmen*	- 75 -
	8.3. *Erfassungsmethoden*	- 81 -
9.	Krankheiten	- 86 -
10.	Diskussion	- 89 -
	10.1. *Ausbreitungspotenzial*	- 107 -
	10.2. *Arealmodellierung mit Maxent*	- 112 -
	10.3. *Forschungsbedarf und Empfehlungen*	- 115 -
11.	Zusammenfassung	- 119 -
12.	Literaturverzeichnis	- 121 -
13.	Anhang	- 133 -
14.	Danksagung	- 134 -

Abbildungsverzeichnis

Abbildung 1: Verbreitung der Nutria in ihrem Ursprungsgebiet in Südamerika (aus WOODS ET AL. 1992) .... - 8 -

Abbildung 2: Verhältnis von Körpergewicht und Alter der Nutrias in verschiedenen Ländern. Dargestellt sind Zuchtformen in Frankreich, Großbritannien und USA, sowie die Wildform in Argentinien (aus GUICHÓN ET AL. 2003) .... - 12 -

Abbildung 3: Deutlich sichtbare orangerote Schmelzplatte auf den Incisivi einer adulten Nutria (aus NENTWIG 2011) .... - 14 -

Abbildung 4: Zeichnung der Körpergestalt von Biber, Bisam und Nutria im Größenvergleich (aus DVWK 1997) .... - 18 -

Abbildung 5: Trittsiegel (links) und Spuren beim Gehen (rechts) von Bisam, Biber und Nutria im Vergleich (aus DVWK 1997) .... - 19 -

Abbildung 6: Nischenbesetzung der pflanzenfressenden deutschen semiaquatischen Nagetiere (KRL: Kopf-Rumpf-Länge in mm; KRL-V: Kopf-Rumpf-Längen-Verhältnis zwischen zwei benachbarten Arten; aus DVWK 1997) .... - 21 -

Abbildung 7: Jahreszeitliche Variationen der Nahrungsspektren bei Nutrias in Norditalien, bestehend aus aquatischen und terrestrischen Pflanzen (%RF= relative Häufigkeit in Prozent; aus PRIGIONI ET AL. 2005) .... - 24 -

Abbildung 8: Typische Nagetierhaltung beim Fressen, wobei das Gewicht auf die Hinterbeine verlagert wird, um sitzend mit den Vorderpfoten die Nahrung aufzunehmen (von WWW.NATURGUCKER.DE) .... - 26 -

Abbildung 9: Häufigkeit der Entfernung zum Gewässer, die Nutrias bei der Nahrungssuche zurücklegen (aus D'ADAMO ET AL. 2000) .... - 28 -

Abbildung 10: Über dem Wasserspiegel liegender Eingang zu einem typischen Nutriabau bei Trebur-Geinsheim, Hessen (von WWW.NATURGUCKER.DE) .... - 31 -

Abbildung 11: Typische Nutria-Sasse an der Jeetzel (aus DVWK 1997) .... - 32 -

Abbildung 12: Nutria auf einer typischen Burg im Allertal, Sachsen-Anhalt (von WWW.NATURGUCKER.DE) .... - 33 -

Abbildung 13: Handstandmarkierung der Nutriaböcke (aus STUBBE 1982).......... - 36 -

Abbildung 14: Durchschnittlich täglich zurückgelegte Distanzen der Nutria zu unterschiedlichen Jahreszeiten in Louisiana, USA (aus NOLFO-CLEMENTS 2009) .... - 38 -

Abbildung 15: Gruppe von Nutrias in einem Park bei Mörfelden, Hessen (von WWW.NATURGUCKER.DE) .... - 40 -

Abbildung 16: Bettelnde Nutria bei Mörfelden, Hessen (von WWW.NATURGUCKER.DE) .... - 40 -

Abbildung 17: Fundpunkte der Nutria in Deutschland ab etwa 1935. Die roten Pfeile deuten eine Einwanderung aus dem Elsass an (eigene Abbildung; Bettag 1988; Stubbe 1992; Pelz et al. 1997; Elliger 1997; DVWK 1997; Heidecke et al. 2001; Kinzelbach 2001; Dolch & Teubner 2001; Zahner 2004; Klein 2007; Biela 2008; Stubbe et al. 2009; Johanshon 2011; Bertolino 2011 in Nentwig 2011; Arnold 2011; Walther et al. 2011). .... - 45 -

Abbildung 18: Jagdstrecke der Nutria für Deutschland im Zeitraum 2001 bis 2011 (eigene Abbildung; Zuständige Fachbehörden der Bundesländer 2011; s. Anhang) .... - 49 -

Abbildung 19: Jagdstrecken der Nutria in den einzelnen Bundesländern im Zeitraum 2000 bis 2011 (eigene Abbildung; Zuständige Fachbehörden der Bundesländer 2011; s. Anhang) .... - 50 -

Abbildung 20: Verbreitung der Nutria in Deutschland zwischen 1974 und 1984 (links), sowie 1989 und 1996 (rechts). Kreise stellen Fundpunkte der Nutrias dar (aus DVWK 1997). .... - 52 -

Abbildung 21: Verbreitung der Nutria in Deutschland 2006 (grün), kein Vorkommen (grau) und keine Daten (weiß) (aus BARTEL ET AL. 2007) .... - 53 -

Abbildung 22: Verbreitung der Nutria in Deutschland (ausgefüllte Kreise aus HEIDECKE ET AL. 2001), ergänzt durch Angaben im Wildtier-Informationssystem des DJV (offene Kreise aus HEIDECKE 2009) .... - 54 -

Abbildung 23: Nutriapopulation in der Ukraine. Angegeben sind die Jagdstrecken von 1999 bis 2005 (von WWW.BIOMON.ORG). .... - 56 -

Abbildung 24: Verbreitung der Nutria in Italien (aus COCCHI & RIGA 1999 in PANZACCHI ET AL. 2006) .... - 57 -

Abbildung 25: Verbreitung der Nutria in Europa. Grau-Blaue Kreise kennzeichnen Orte der Ausrottung (aus NENTWIG 2011) .... - 58 -

Abbildung 26: Ertrag eines Jagdtages in Louisiana, USA (aus NENTWIG 2011) .... - 59 -

Abbildung 27: Kahlfraß durch die Nutria in Louisiana mit eingezäuntem unangetasteten Bereich (aus LOUISIANA DEPARTMENT OF WILDLIFE AND FISHERIES 2007) .... - 64 -

Abbildung 28: Fraßstellen der Nutria in Rüben- und Maisfeldern (aus DVWK 1997) .... - 68 -

V

Abbildung 29: Schälung eines Baumes verursacht durch eine Nutria (aus DVWK 1997) .... - 69 -

Abbildung 30: Uferabbruch durch Grabungsaktivitäten der Nutria (aus SHEFFELS & SYTSMA 2007) .... - 69 -

Abbildung 31: In Nutriabau eingebrochener Traktor (aus DVWK 1997) .... - 70 -

Abbildung 32: Direkter Kontakt zum Menschen durch zahme Nutrias kann eine mögliche Krankheitsübertragung begünstigen (aus SHEFFELS & SYTSMA 2007) .... - 71 -

Abbildung 33: Effizienz von Management Bemühungen (€/km2/Jahr) zur Reduzierung von Schäden (€/km2/Jahr) verursacht durch Nutrias in Norditalien von 1995-2000 (aus PANZACCHI ET AL. 2007) .... - 79 -

Abbildung 34: Trend von Nutriaschäden von 1997-2005 in den Gebieten Novara (schwarze Kästchen), Vercelli (schwarze Dreiecke) und Alessandria (offene Kreise) in Norditalien (aus BERTOLINO & VITERBI 2010) .... - 79 -

Abbildung 35: Anzahl adulter Nutrias in Großbritannien, die zwischen 1970 und 1990 gefangen wurden. Schwarze Pfeile kennzeichnen besonders kalte Winter (aus BAKER 2006). .... - 81 -

Abbildung 36: Am Schwanz einer Nutria befestigter umfunktionierter Halsbandsender (aus MERINO ET AL. 2007) .... - 83 -

Abbildung 37: Mit Ködern versehene Multiple-Capture-Trap in der zwei Nutrias gefangen sind (aus WITMER ET AL. 2007) .... - 84 -

Abbildung 38: Zutrauliche Nutrias in direktem Kontakt zum Menschen in einem Park bei Mörfelden, Hessen (von WWW.NATURGUCKER.DE) .... - 92 -

Abbildung 39: Fütterung von Nutrias meist mit Küchenabfällen in urbanen Räumen (aus NENTWIG 2011) .... - 103 -

Abbildung 40: Maxent-Modell zur potenziellen Verbreitung der Nutria bei derzeitigem Klima. Warme Farben zeigen eine hohe Ähnlichkeit zwischen der „idealisierten Nische" und dem Klima an einem jeweiligen Ort an (eigene Abbildung; HTTP://DATA.GEBIF.ORG; WWW.NATURGUCKER.DE; MITCHELL-JONES ET AL. 1999; ÖZKAN 1999; MURARIU & CHIŞAMERA 2004; CARTER 2007; EGUSA & SAKATA 2009; GHERARDI ET AL. 2011). .... - 113 -

Abbildung 41: Maxent-Modell zur potenziellen Verbreitung der Nutria bei Klima, wie es im Jahre 2050 vorherrschen könnte (HADCM3-Modell, A2). Warme Farben zeigen eine hohe Ähnlichkeit zwischen der „idealisierten Nische" und dem Klima an einem jeweiligen Ort an (eigene Abbildung; HTTP://DATA.GEBIF.ORG; WWW.NATURGUCKER.DE; MITCHELL-JONES ET AL. 1999; ÖZKAN 1999; MURARIU & CHIŞAMERA 2004; CARTER 2007; EGUSA & SAKATA 2009; GHERARDI ET AL. 2011). .... - 114 -

Tabellenverzeichnis

Tabelle 1: Ein typisches Nahrungsspektrum der Nutria in Deutschland (aus STUBBE & BÖHNING 2009) .... - 23 -

Tabelle 2: Übersicht der Länder, in die die Nutria eingeführt wurde, mit Datum und Ursache für frei lebende Populationen (verändert aus Carter & Leonard 2002) .... - 47 -

Tabelle 3: Liste von Invertebraten, die aus dem Fell von 10 wild lebenden Nutrias gewaschen wurden (aus WATERKEYN ET AL. 2010) .... - 63 -

Tabelle 4: Mögliche Auswirkungen der Nutria auf Vegetation, Tiere und abiotische Standortfaktoren in Deutschland und deren Ursachen (verändert aus BIELA 2008) .... - 65 -

Abstract

Coypu (*Myocastor coypus*), a semi-aquatic rodent native to southern South America, has become invasive since the last century in many countries all over the world, such as the USA, Germany, France and Japan. Due to fur farming, including uncontrolled escapes and deliberate releases, coypus were able to establish stable populations, especially in European countries. Over the last decades coypus have been able to spread more and more in many countries. In most of these regions coypus have caused serious damages to the ecosystem as well as agriculture and infrastructure. For that reason some countries have developed special coypu management strategies or eradication plans to control the animals.

The aim of this study was to give an overview of the main international literature to the actual situation of coypus in Europe, especially in Germany. Therefore, the ecology of the species was described exactly to understand the successful spread. Furthermore, the distribution in Germany, Europe and some other countries is shown. The particular damage to ecosystems and agriculture as well as infrastructure are interpreted. For possible solutions, different control mechanisms are being introduced and discussed, as well as suitable recording methods. Finally, a climate niche model was created to predict the future distribution of coypus in different countries, including climate change, which shows a wider spread of coypus in the future for many countries.

1. Einleitung

Neobiota richten weltweit seit Jahrhunderten verheerende Umweltschäden an. Durch die zunehmende Globalisierung mit Handel, Reisen und Tourismus speziell seit den letzten 60 Jahren, nimmt die Zahl der nicht-heimischen Arten extrem zu. Gleichzeitig nimmt auch die Wahrscheinlichkeit zu, dass sich diese Arten auf Kosten der heimischen Flora und Fauna ausbreiten. Vor allem nach Europa wurden zahlreiche Neobiota von Forschern und Wissenschaftlern gebracht, von denen nicht wenige in ihrer neuen Heimat invasiv wurden.

Die Ursache der meist absichtlichen Einführung von nicht-heimischen Arten in der Vergangenheit lag häufig an einem nicht vorhandenen Unrechtsbewusstsein. Vielmehr herrschte die Auffassung, dass es zu einer „Bereicherung" der Natur durch die neuen Arten kommen werde, da es oft große und auffällige Tiere waren, die ausgesetzt wurden. Auch die meisten Jäger und Fischer, sowie das fellverarbeitende Gewerbe standen dem Gedanken an die Neubürger offen gegenüber.

Knöterichkontrolle in England, Ambrosiabekämpfung in Ungarn, Bisammanagement in Deutschland, Impfung von Nutztieren, Parasiten in der Landwirtschaft, holzfressende Parasiten in der Waldwirtschaft, Schäden an menschlichen Infrastrukturen, Schädigungen der menschlichen Gesundheit, hervorgerufen speziell durch Allergien – die Schäden, durch invasive Arten verursacht, nehmen in Europa stetig zu. Die EU geht für ihr Gebiet von jährlich 12 Mrd. € für Bekämpfungsmaßnahmen aus (BERTOLINO 2011 in NENTWIG 2011; BERTOLINO ET AL. 2012). Die IUCN schätzt die Kosten weltweit sogar auf über 400 Mrd. US $ jährlich (ATKINSON 2005).

Das Auftreten eines Neozoon in einem Biotop bedeutet nicht unbedingt eine Bereicherung der Artenvielfalt, da sich die neue Art häufig negativ auf die heimischen Arten auswirkt und somit eine Verarmung vonstattengeht. Zum Beispiel besitzen viele neue Arten oft Krankheiten und Krankheitserreger, welche für sie an sich selbst nicht schädlich sind, jedoch für die benachbarten Arten in ihrem neuen Verbreitungsgebiet. Namhafte Beispiele hierfür sind der Kamberkrebs aus Nordamerika, der eine Pilzerkrankung mitbrachte, die nach und nach die Europäischen Flusskrebse befällt und dezimiert, das Grauhörnchen, ebenfalls eingewandert aus Nordamerika, welches einen tödlichen Pockenvirus speziell in England auf das Eichhörnchen überträgt oder aber der Japanische Aal, der einen parasitischen Fadenwurm in Europa einführte, welcher den Tod Europäischer Aale verursacht (NENTWIG ET AL. 2001).

Vielfach wird invasiven Arten generell unterstellt, dass sie zur Homogenisierung von Faunenregionen beitragen und somit die Verarmung der Biodiversität vorantreiben (KINZELBACH 1995). Auch ist nicht immer direkt klar, ob die neue Art in ihrem neuen Habitat existieren kann. Dies hängt von der potenziellen Existenzmöglichkeit ab. Besitzt die neue Art eine hohe Konkurrenzstärke, kann sie andere Arten verdrängen oder beeinträchtigen. Dabei steigt die Wahrscheinlichkeit, sich in einem bestehenden Ökosystem zu etablieren, mit der Größe der fundamentalen Nische eines Organismus und der dadurch abgedeckten vorhandenen Bedingungen an. Besonders förderlich ist es ebenso, wenn die Tiere mit einer großen Variabilität der Umweltparameter leben können und auf diese aktiv reagieren können (MEYER 2001).

Ein weiteres Tier, das in die Beschreibungen hineinpasst, ist die Nutria. Sie ist ein Nagetier, und gehört somit zu der Ordnung von Säugetieren, zu der über 40% aller Säugetiere zählen (SCHÜRING 2010). Sie lebt im Wasser und an Land. Ursprünglich stammt sie aus Südamerika, von wo sie in den 1920er Jahren nach Deutschland eingeführt und als Pelztier auf Farmen gehalten wurde. BRAINICH (2008) geht davon aus, dass bereits im 18. Jahrhundert Tiere nach Deutschland in die freie Wildbahn gebracht wurden, um sie zu jagen. Entwichene Tiere aus den späteren Farmen gründeten schließlich überlebensfähige wilde Populationen in Deutschland (ELLIGER 1997; BERTOLINO ET AL. 2012). Interessanterweise stammen die meisten ökologischen Informationen, Studien und Untersuchungen über die Nutria aus Nordamerika und Europa und nicht wie zu erwarten wäre aus ihrem Ursprungsgebiet in Südamerika (PALOMARES ET AL. 1994).

Von Menschen geschaffene Bauwerke dienen häufig als Lebensräume für solche semiaquatischen Organismen (z.B. Deiche und Dämme). Diese können durch Grabaktivitäten stark in Mitleidenschaft gezogen werden. Nicht nur Biber, Bisam und Nutria sind dafür verantwortlich, sondern auch Maulwurf, Feldmaus, Schermaus, Wanderratte, Wildkaninchen, Fuchs und Dachs (ELLIGER 1997). Nutria und speziell Bisam haben sich in Deutschland immer weiter an Fließgewässern und Gräben verbreitet. Die Folgen durch den Nutriabesatz können sein:

- Uferabbrüche und -einbrüche, welche zu Beeinträchtigung der Bewirtschaftung oder Nutzung von Straßen führen können;
- Böschungsrutschungen, wo vor allem bei Deichen und Dämmen schwere Schäden auftreten;

- Unterspülungen, welche die Fließfunktion des Gewässers nachteilig vermindern, was wiederum die Standfestigkeit von Deichen und Dämmen beeinträchtigt;
- Schäden an der Landwirtschaft, die speziell auf Feldern durch die Nahrungsaufnahme der Nutrias entstehen und zu Verwüstungen führen können (DVWK 1997; BERTOLINO ET AL. 2012).

Dies sind nur einige Auswirkungen der Nutrias auf ihre Umwelt, die im weiteren Verlauf näher erläutert werden.

Die vorliegende Untersuchung beschäftigt sich mit der Nutria als solche und soll diese genau vorstellen und beschreiben. Dafür wird der Ursprung der Art erläutert und ihre systematische Einordnung beschrieben. Des Weiteren wird die Ökologie der Art sehr genau untersucht und Vergleiche mit Biber und Bisam werden erstellt. Die ausführliche Beschreibung des Verhaltens der Nutria soll ebenfalls zum Verständnis der Art beitragen. Es soll weiter den Fragen nachgegangen werden, wie sich die Nutria außerhalb ihres Ursprungsgebietes in anderen Ländern, speziell in Deutschland etablieren konnte. Wie ist die Nutria heute in Deutschland, in Europa und weltweit verbreitet? Wie beeinflusst die Nutria ihre natürliche Umwelt? Gibt es nennenswerte wirtschaftliche Schäden, welche die Nutria verursacht? Wie kann man die Bestände der Nutria kontrollieren und erfassen? Letztlich erscheint auch die Frage wichtig, ob sich die Nutria in Zukunft weiter ausbreiten wird. Den einzelnen Fragen wird – nach Möglichkeit - auch auf internationaler Ebene nachgegangen.

2. **Methode**

Um die Art der Nutria genau zu beschreiben und den einzelnen Fragen nachzugehen, wurde eine umfassende systematische Literaturrecherche durchgeführt. Hierfür wurde zunächst in der Universitätsbibliothek Trier nach Literatur zu *Myocastor coypus* und invasiven Arten gesucht. Über die digitalen Medien der Bibliothek wurde eine umfassende Suche nach zugänglicher Fachliteratur gestartet und dabei u.a. die Suchbegriffe „*Myocastor coypus*", „Nutria", „Coypu", „*Rodentia*", „Sumpfbiber", sowie gezielte Artikelsuchen genutzt. Daraus resultierende zugängliche Medien konnten über die „Elektronischen Zeitschriften" der Universität kostenlos erworben werden. Unzugängliche Daten wurden über die Fernleihe der Bibliothek bestellt. Als nächstes konnte ebenfalls über die Universitätsbibliothek auf die Online-Zitationsdatenbank „Web of Science" zugegriffen werden, um weiter nach Literatur suchen zu können. Diese konnte in den meisten Fällen durch vorhandene Lizenzen der Universität ebenfalls erworben werden. Zusätzlich wurde über weitere Online-Plattformen wie „sciencedirect" und „googlescholar" nach Literatur gesucht. Schließlich wurde in den jeweiligen Literaturverzeichnissen der erworbenen Studien nach Primärliteratur gesucht und diese dann ebenfalls über die Universität erworben.

Die Literatur wurde einzeln durchgearbeitet und speziell nach den oben erwähnten Fragestellungen analysiert. Vielfach wurden Abbildungen und Bilder aus der Originalstudie übernommen und manchmal wurden Tabellen abgeändert übernommen. Weiter wurden aus bereitgestellten Daten von Nutriajagdstrecken eigene Abbildungen mit Hilfe von Excel erstellt, welche die Entwicklung der Strecken dokumentieren sollten und sich in den Kontext der Verbreitung einfügen sollten. Um die Ausbreitung der Nutria in Deutschland darzustellen, wurde eine eigene Karte erstellt. Hierfür sind in Google Earth die Fundpunkte eingetragen worden und nach dem anschließenden Datenexport aus Google wurden mit einem Grafikprogramm Pfeile und eine Legende in die Grafik eingefügt. Schließlich wurden die einzelnen Quellen miteinander verglichen, um Übereinstimmungen, Unterschiede und Trends zu erkennen.

Für die Arealmodellierung wurde die Software Maxent benutzt. Mit ihr lassen sich Vorhersagen zur potenziellen Verbreitung von Arten tätigen. Diese sind korrelativ und basieren auf ökologischen (in der Regel klimatischen) Daten an realen Fundpunkten der zu untersuchenden Art. Hieraus wird mittels eines Algorithmus nach dem Prinzip der maximalen Entropie eine „idealisierte Nische" für die Zielart ermittelt, die dann wiederum mit dem Klima eines größeren Raumes verglichen wird. Je höh die Ähnlichkeit mit der idealisierten Nische, umso höher die Wahrscheinlichkeit des potenziellen Vorkommens der Zielart (FRANKLIN 2010).

Maxent wurde eingesetzt, um die potenzielle Verbreitung der Nutria für die ganze Welt unter dem derzeit herrschenden Klima und einem zukünftigen Szenario zu ermitteln. Als Klimadaten wurden Worldclim-Daten (HIJMANS ET AL. 2005) für den Zeitraum 1950-2000, Auflösung 2,5 Minuten, verwendet (WWW.WORLDCLIM.ORG). Hieraus wurden „bioklimatische" Variablen abgeleitet (NIX 1986). Sie eignen sich für Arealmodellierungen besonders gut, da sie regionale Variationen (speziell zwischen verschiedenen Breitengraden) berücksichtigen. Insgesamt sind nach HIJMANS ET AL. (2001) 19 bioklimatische Variablen verfügbar. Aus diesen wurde mittels Maxent durch ein Jackknifing-Verfahren (PHILLIPS ET AL. 2006) fünf ausgewählt, die die Verbreitung der Nutria besonders gut erklären (annual mean temperature (Bio1), isothermality (Bio2/Bio7 x 100) (Bio3), temperature seasonality (standard deviation of monthly mean temperature x 100) (Bio4), minimum temperature of the coldest month (Bio6), mean temperature of the coldest quarter (Bio11)). Diese wurden für die Modellberechnung verwendet.

Für die mögliche zukünftige Entwicklung der Nutriaverbreitung wurde ein bioklimatischer Datensatz für das Jahr 2050 genutzt, der auf dem HADCM3-Modell basiert. Gewählt wurde das A2-Szenario des Intergovernmental Panel on Climate Change (IPCC 2007) (HTTP://WWW.GRIDA.NO/CLIMATE/). Dieses Szenario, beziehungsweise diese Szenarienfamilie, beschreibt eine eher heterogene Welt. Die Bevölkerung nimmt bei diesen Szenarien stetig zu und die wirtschaftliche Entwicklung erfolgt lediglich auf regionalem Niveau. Das Pro-Kopf-Einkommen und der technologische Fortschritt sind nur marginal ausgeprägt und entwickeln sich im Vergleich zu den anderen Szenarien nur sehr langsam. Es handelt sich also um sehr pessimistische Szenarien in der A2-Familie (HTTP://WWW.CCAFS-CLIMATE.ORG).

Die für die Modellgenerierung wichtigen Fundpunkte (x/y-Koordinaten; vgl. FRANKLIN 2010) der Nutria, entstammten zu großen Teilen dem Online-Netzwerk „Global Biodiversity Information Facility" (GBIF: HTTP://DATA.GBIF.ORG), der Internetplattform „Naturgucker" (HTTP://WWW.NATURGUCKER.DE), sowie der Literatur (MITCHELL-JONES ET AL. 1999; ÖZKAN 1999; MURARIU & CHIŞAMERA 2004; CARTER 2007; EGUSA & SAKATA 2009; GHERARDI ET AL. 2011)

3. Geschichte

Im folgenden Kapitel wird zunächst dargestellt, wo die Nutria ursprünglich verbreitet war und welche systematischen Unterarten zu unterscheiden sind. Ebenso wird auf die Namensfindung der Art eingegangen und die Geschichte der Nutriazucht beschrieben.

3.1. Ursprüngliches Verbreitungsgebiet

Die Nutria stammt aus dem außertropischen Teil Südamerikas, also aus der gemäßigten Region in der südlicheren Hälfte. Man findet sie meist südlich des Wendekreises. Das Ausbreitungsgebiet erstreckt sich vom Süden Brasiliens, über Paraguay, Uruguay, Bolivien und Chile, zu beiden Seiten der Kordilleren, durch ganz Patagonien in Argentinien bis nach Feuerland (vgl. Abb. 1).

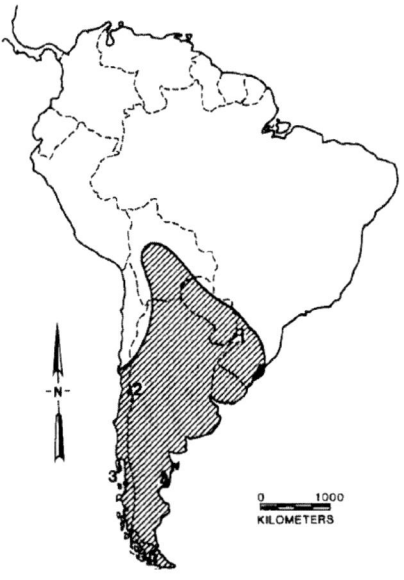

Abbildung 1: Verbreitung der Nutria in ihrem Ursprungsgebiet in Südamerika (aus WOODS ET AL. 1992)

In Südamerika wurden fünf geographische Unterarten unterschieden, die sich auf verschiedene Bezirke zwischen dem 15. und 50. Grad südlicher Breite verteilen. Innerhalb dieser Unterarten treten auch Standortvarietäten auf, die verschiedene Fellfarben und Eigenschaften aufweisen (KLAPPERSTÜCK 2004). In diesem ursprünglichen Gebiet wurde die Nutria am Anfang des 20. Jahrhunderts so stark bejagt, dass sie schließlich so selten wurde, dass sich die Jagd nicht mehr lohnte. Im Jahr 1900 wurden noch 10 Mio. Tiere in Südamerika erlegt, während es 1930 nur noch 200.000 waren (KINZELBACH 2001). Daraufhin wurde die Jagd in den meisten Gebieten verboten und 1950 auch in Argentinien. Inzwischen wurden großflächige Schutzzonen eingerichtet (BETTAG 1988).

3.2. Systematik

Die Nutria (*Myocastor coypus*) gehört in die Ordnung *Rodentia* und zur Familie der *Myocastoridae* (Biberratten) deren einziger Vertreter sie ist. Der wissenschaftliche Name *Myocastor coypus* ist auf den chilenischen geistlichen IGNAZ MOLINA zurückzuführen, der der Nutria den chilenischen Namen „Coypu" gab. Er ordnete sie in die Gattung *Mus* ein, so dass zunächst die Bezeichnung *Mus coypus* entstand (GMELIN 1788 in KLAPPERSTÜCK 2004). Der heutige Gattungsname *Myocastor* wurde erst durch KERR (1792) nachträglich festgelegt, welcher aus dem griechischem kommt und mit „Mausbiber" übersetzt werden kann.

Die Erstbeschreibung durch MOLINA wies erhebliche Lücken auf. Aus seiner wissenschaftlichen Bezeichnung geht hervor, dass die Nutria eine Wassermaus von der Größe eines Fischotters sei. Auch gab er an, dass sich in jeder Backenhälfte zwei statt heute bekannt vier Zähne befinden. Daraus ergab sich durch GEOFFROY (1805) der falsche Gattungsname *Hydromys* (Schwimmratte), zu dem noch zwei weitere Arten gefasst wurden (KLAPPERSTÜCK 2004).

Der spanische Offizier FELIX D'AZARA (1783-97) beschrieb die Nutria als „Quouyia", welches die guaranische Bezeichnung ist. Diese Sprache wird in Teilen Brasiliens, Boliviens, Paraguays und Argentiniens gesprochen. Der heutige geläufige Name „Nutria" stammt aus der Gegend um Buenos Aires. Übersetzt bedeutet dies jedoch „Fischotter" oder „Otterpelz". Diese falsche Bezeichnung entstand vermutlich dadurch, dass nicht einheimische Spanier das Fell der Nutrias in die Hände bekamen und aufgrund der Ähnlichkeit dachten, es sei von einem Fischotter. Von der Nutria an sich hatten sie keine Ahnung. Der Naturforscher COMMERSON hatte bereits lange vor MOLINA und D'AZARA eine unvollendete Skizze der Nutria angefertigt. Allerdings kam er nie dazu die Beschreibung zu veröffentlichen, da er zuvor verstarb. Erst nach der Erstveröffentlichung von MOLINA fand man die Manuskripte von COMMERSON, welcher der Nutria den Gattungsnamen *Myopotamus* gab (DVWK 1997; BERTOLINO ET AL. 2012).

Es folgten weiter Namensgebungen wie *Mus castoroides*, *Potamys coypu*, *Mastonotus popelairi* und *Guillinomys chilensis*. Im deutschen Sprachgebrauch kamen auch „Biberratte", „Schweifbiber" und „Sumpfbiber" zu tragen, wobei sich „Sumpfbiber" sicherlich am längsten etablieren konnte. Jedoch sind auch diese Namen irreführend, weil es sich bei *Myocastor coypus* weder um eine Ratte, noch um einen Biber handelt. Erst im Jahr 1904 konnte WEBER den heutigen wissenschaftlichen Namen *Myocastor coypus* endgültig etablieren. Die heutige systematische Einordnung in die Familie der *Myocastoridae* innerhalb der Teilordnung *Caviomorpha* erfolgte schließlich erst 2005 durch WILSON & REEDER (KLAPPERSTÜCK 2004; MÄNNCHEN 2009).

Von der Nutria existieren mehrere Subspezies: In Argentinien *Myocastor coypus bonariensis*, in Chile *Myocastor coypus coypus*, in Südchile *Myocastor coypus melanops*, in Bolivien *Myocastor coypus popelairi* und in Patagonien *Myocastor coypus santacruzae*. Bisher sind keine eindeutig identifizierten Unterarten aus europäischen Populationen bekannt, da die Herkunft vieler verwilderter Farmtiere unbekannt ist und es zu unkontrollierbaren Vermischungen kam (STUBBE ET AL. 2009; BERTOLINO ET AL. 2012).

3.3. Zucht

Mitte des 19. Jahrhunderts war der Bestand der Nutrias zwischen dem 31. und 34. Breitengrad so stark vermindert, dass die Fellpreise enorm in die Höhe schossen. Anfang des 20. Jahrhunderts war die Nachfrage nach Nutriafellen in Südamerika jedoch so groß geworden, dass man sie nun farmmäßig hielt. Nach anfänglichen Misserfolgen in den 1920er Jahren, kam es ab 1932 zu einem sprunghaften Anstieg der Nutriafarmen von anfänglich 100 Unternehmen auf 1.000 und zu einer professionellen Produktion. In den 1960er Jahren wurde die Jahresproduktion in Argentinien auf 700.000 Felle geschätzt. Es etablierten sich zwei Zuchtmethoden: die Freilandzucht in meist offenen Lagunen und die Gehegezucht mit kleineren Gruppen (KLAPPERSTÜCK 2004).

Durch die erfolgreiche Zucht in Argentinien, wurden von dort Länder wie Deutschland, die Schweiz, Frankreich, USA, Kanada, Russland, Polen, Ungarn und einige skandinavische Staaten mit Nutrias zur Zucht beliefert (ELLIGER 1997). Zwischen 1880 und 1890 entstanden in Mitteleuropa in Frankreich die ersten Farmen, während in Deutschland 1926 die erste Zuchtanlage gegründet wurde (BETTAG 1988). Die

Zucht in Deutschland verlief ähnlich erfolgreich wie in Argentinien, da sie als sehr einfach für dieses Tier galt und so sehr viele Anhänger fand. 1934 etablierte sich in Deutschland ein fester Züchterbestand, der einen Jahresdurchschnitt von 100.000 Fellen zu verzeichnen hatte. Zum Aufbau der Zucht in Deutschland dienten zunächst Tiere aus Argentinien und Frankreich. Ab den 1950er Jahren fanden dann schließlich keine Auslandsimporte mehr statt und es stellte sich ein Grundstock heraus. Ein kompletter Nutriapelzmantel lag Mitte des vorigen Jahrhunderts zwischen 5000 und 8000 DM, was einem reinen Luxusartikel entsprach, den sich nur die wenigsten Menschen leisten konnten. Vielmehr wurde Nutriafell für kleinere Artikel wie Muff, Mantelkragen und Futter benutzt. Bis ins derzeitige 21. Jahrhundert hinein produziert Argentinien weiterhin jährlich rund 500.000 Nutriafelle (ELLIGER 1997; MÄNNCHEN 2009). Nutriafleisch wurde früher während der Zucht in Deutschland häufig verzehrt. Es gilt als schmackhaft, bekömmlich und cholesterinarm. In der DDR betrug das Fleischaufkommen vor der Wiedervereinigung etwa 300 t pro Jahr.

Da Nutrias einige Jahrzehnte professionell in Deutschland gezüchtet wurden, zeigen sie heute erste Domestikationsmerkmale, wie z.B. Fellfarbvariationen. Trotzdem kann nicht davon ausgegangen werden, dass es sich um einen abgeschlossenen Domestikationsprozess handelt, da die Zeit dafür bisher einfach zu kurz war (KINZELBACH, 2001). Bei der Zucht wurde besonders auf Merkmale wie die Größe des Tieres, die Dichte des Fells, die Anspruchslosigkeit der Fütterung, sowie die Widerstandsfähigkeit gegen Krankheiten geachtet. Die Ergebnisse dieser Zuchtmethoden wurden in einer Studie belegt, welche die unterschiedlichen Verhältnisse zwischen Körpergewicht und Alter in den einzelnen Ländern untersuchte (vgl. Abb. 2).

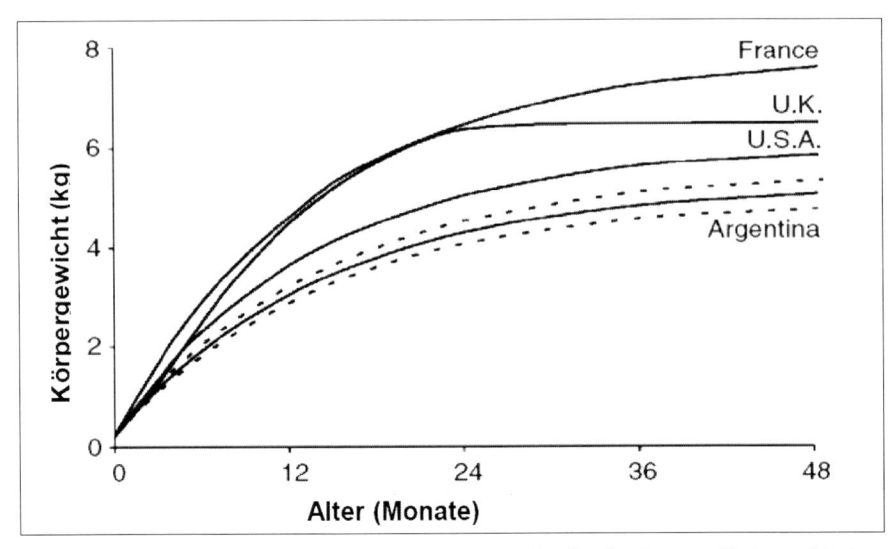

Abbildung 2: Verhältnis von Körpergewicht und Alter der Nutrias in verschiedenen Ländern. Dargestellt sind Zuchtformen in Frankreich, Großbritannien und USA, sowie die Wildform in Argentinien (aus GUICHÓN ET AL. 2003).

Hier ist das Verhältnis von Körpergewicht und Alter der Nutrias in verschiedenen Ländern dargestellt. Demnach nahmen die Tiere in den USA, Großbritannien und Frankreich schneller an Gewicht zu, erreichten auch ein höheres Gesamtgewicht und waren somit früher geschlechtsreif, als die Tiere im Ursprungsverbreitungsgebiet (GUICHÓN ET AL. 2003; BERTOLINO ET AL. 2012).

Da die meisten freilebenden Tiere in Deutschland aus Züchtungen stammen, kommt schnell die Frage auf, wie genetisch ähnlich sich die Tiere eigentlich sind. Dazu gibt es in Deutschland bislang noch keine Untersuchungen. In Maryland USA, kamen Untersuchungen an freilebenden Tieren zu hohen genetischen Ähnlichkeiten wobei als Ursache der Gründer-Effekt genannt wurde, da nur wenige Tiere in freie Wildbahn gelangten, um Kolonien zu gründen. Dieser genetischen Armut wurde – sowohl in Maryland, als auch in Deutschland - durch Aussetzen und Flucht aus Fellfarmen jedoch entgegengewirkt (BIELA 2008).

4. Ökologie

Im folgenden Kapitel wird die Nutria als solche genau vorgestellt. Um das Wesen und Verhalten des Tieres zu verstehen, wird auf unterschiedlichste Aspekte ihrer Ökologie eingegangen. Neben körperlichen Merkmalen und Ernährung wird besonders auf ihr spezielles Verhalten eingegangen. Da es häufig zu Verwechslungen zwischen Nutria, Biber und Bisam kommt, wird auch diese Problematik hier kurz angesprochen und Ähnlichkeiten und Unterschiede dieser Arten herausgestellt. Dies alles soll zum besseren Verständnis der Nutria als Neozoon in Deutschland und anderen Ländern beitragen.

4.1. Körperliche Merkmale

Durch den früheren Namen „Biberratte" gingen die Menschen oft sehr voreingenommen an das Tier heran. Tatsächlich erinnert der rattenähnliche, drehrunde, nackte Schwanz an eine Ratte. Hinzu kommt noch der watschelnde und plump wirkende Gang der Nutrias auf ihren kurzen Beinen. Diese Plumpheit an Land machen sie mit gekonnten Schwimmbewegungen im Wasser wett, die an einen Fischotter erinnern. Bei Gefahr können Nutrias aber auch an Land über kurze Strecken sowohl gut laufen, als auch springen (BERTOLINO 2011 in NENTWIG 2011). Die Fellfarbe ist sehr variabel und schwankt zwischen dunkelbraun, fahlem gelb, über silbergrau bis hin zu weiß. Das Kinn ist mit weißen Haaren bedeckt.

Der typische Nagetierschädel der Nutrias beinhaltet zwei Paar große Incisivi, welche sehr scharf sind. Die Vorderseite der Incisici hat eine dicke orangerote Schmelzplatte aufsitzen, während die Innenseite nur eine schwache gelbweißliche Schmelzlage besitzt. Diese äußere Platte verzögert die Abnutzung und verleiht zusätzlich Härte (vgl. Abb. 3).

Abbildung 3: Deutlich sichtbare orangerote Schmelzplatte auf den Incisivi einer adulten Nutria (aus NENTWIG 2011)

Durch den ausgeprägten Spalt in der Oberlippe kann man die Zähne selbst bei geschlossenem Maul sehen (KINZELBACH 2001). Somit kann man neben der Größe auch anhand der Färbung der Incisivi erkennen, ob es sich um ein juveniles oder adultes Tier handelt. Bei Jungtieren sind die Schneidezähne nämlich noch nicht orange gefärbt, sondern hellgelb bis gelb (WILLNER 1982 in BIELA 2008). Die Incisivi werden nicht gewechselt und wachsen bei fortwährender Abnutzung ständig nach. Die oberen Beiden greifen über die Unteren hinweg. Mit diesen kann die Nutria beispielsweise sehr gut Rinde von jungen Zweigen schälen, wenn nicht ausreichend andere Nahrung vorhanden ist (KINZELBACH 2001).

Im Gegensatz zum Biber (*Castor fiber*) nehmen die Ausmaße der Backenzähne bei der Nutria vom ersten bis zum letzten Zahn zu.

Die durchschnittliche Gesamtrumpflänge der Nutria liegt zwischen 40 und 60 cm, während der Schwanz 30 bis 45 cm lang ist. Diese Werte gelten hauptsächlich für Böcke, wobei die Metzen (Weibchen) etwas kleiner sind. Bei ausgewachsenen Tieren liegt das Gesamtgewicht durchschnittlich zwischen 2 und 4 kg, in Gefangenschaft kann es auch bei 10 kg liegen. Pelztiere wiegen meist nur zwischen 6 und 8 kg, weil bei diesem Gewicht die größten Felle produziert werden (ELLIGER 1997). Diesen Angaben widersprechen Untersuchungen aus Ostdeutschland, bei denen alle der 77 gemessenen und gewogenen Metzen größer waren und einen fast 2 cm längeren Schwanz hatten als die Böcke (HEIDECKE ET AL. 2001).

Die Nutria weist ein paar charakteristische Nagetiermerkmale auf, die speziell Schwimmanpassungen und funktionelle Anpassungen beinhalten: Verlängerung der Mittelfußknochen als Schwimmanpassung; Verkürzung der Oberarme und Oberschenkel, sowie kräftig entwickelte Ellenbogenfortsätze, Reduktion des Daumens, großflächige Schulterblätter und gut ausgebildete Schlüsselbeine als besondere Grabanpassungen. Es befinden sich Schwimmhäute an den hinteren Zehen, jedoch nicht zwischen dem 4. und 5. Zeh. Der Schwanz dient lediglich als Steuerorgan und zum Auf- und Absteigen beim Schwimmen, aber nicht als Antrieb. Die Zitzen der Metzen liegen nicht wie normalerweise bei Säugetieren am Bauch, sondern beiderseits des Rückgrats, so dass die Jungen auch im Wasser gesäugt werden können. Bei anderen Nagetieren gibt es ebenfalls abweichende Zitzenanordnungen. Beim Meerschweinchen befinden sich diese zum Beispiel am Oberschenkel, beim Stachelschwein oberhalb der Achseln und beim Viscacha sind sie ähnlich der Nutria angeordnet (DVWK 1997).

Die Nutria besitzt ein Jacobson-Organ, womit sie in der Lage ist, bestimmte Stoffe wie Pheromone wahrzunehmen. Dieses Verhalten zur olfaktorischen Wahrnehmung wird generell als „Flehmen" bezeichnet und tritt ebenso bei Gämsen, Moschusochsen, Kamelen, Pferden und Katzen auf. Eine weitere Besonderheit ist das Nagen, welches auch unter Wasser praktiziert werden kann. Dies geht aus der Zweiteilung des Mauls hervor. Es gibt dort die eigentliche Mundhöhle und den Raum zwischen Schneide- und Backenzähnen: ein Diastema. Die Lippen bilden beim Tauchen Backenwülste vor den Molaren, die für einen hermetischen Abschluss sorgen und somit ein Nagen unter Wasser ermöglichen. Auch schützt diese Lücke die Mundhöhle vor Verletzungen beim Nagen.

Das Fell der Nutrias ist speziell auf der Bauchseite sehr dicht, da sie dort vermehrt dem Wasser ausgesetzt sind. Dieser Teil des Fells wird dementsprechend sehr stark vom Fellhandel genutzt. Das Fell wird von der Nutria sehr intensiv mit Fett gepflegt, um wasserabweisend zu bleiben (KINZELBACH 2001). Dafür werden die Talgdrüsen beiderseits der Mundwinkel genutzt (SCHMIDT 2001). Die Nutria besitzt mehr Haare am Bauch als am Rücken. Die Bauchhaare werden ständig durchkämmt, um dort vermehrt Luftpolster zu bilden, welche beim Schwimmen hilfreich sind und generell vor Temperaturverlusten im Wasser schützen (KINZELBACH 2001). Das Fell der Tiere

ist für 80% der Wärmeisolierung verantwortlich, während nur 20% von inneren Isolationsfaktoren abhängen. Bei extrem kalten Temperaturen kann das Fell sogar 90% der Wärmeisolierung ausmachen (DONCASTER ET AL. 1990).
Ein besonderes körperliches Merkmal der Nutrias ist ihr vollkommen unbehaarter Schwanz. Mit diesem haben sie wie Ratten, Mäuse und Biber die Fähigkeit der Thermoregulation. Sie können bei hoher Außentemperatur über ihren Schwanz und die Füße Hitze abgeben und bei niedrigeren Temperaturen den Verlust der Wärme über den Schwanz abschwächen. Dies kann durch gesteuerte Blutflussregulationen kontrolliert werden und bei Kälte durch Absenken der Temperatur im Schwanz. Diesen Regulationen sind jedoch speziell bei hohen Temperaturen Grenzen gesetzt. Ab einer Außentemperatur von über 25°C kann keine Wärme mehr über den Schwanz abgegeben werden und über einer Temperatur von 35°C kann sogar keine konstante innere Körpertemperatur mehr erhalten werden und Hitzeschläge können die Folge sein. Dies steht in Zusammenhang mit Beobachtungen aus Louisiana, wo Nutrias bei 35°C Außentemperatur fast ausschließlich im Wasser blieben (KRATTENMACHER & RÜBSAMEN 1987). Ein weiterer physiologischer Mechanismus um gegen Kälte anzukommen ist die Fähigkeit zur peripheren Vasokonstriktion[1] um Thermolysereaktionen zu reduzieren. Das Vorhandensein von braunem Fettgewebe besonders bei Juvenilen, dient zur Erhöhung der Thermogenese (DONCASTER ET AL. 1990).
Um das Alter von Nutrias bestimmen zu können, nutzt man wie bei vielen Kleinsäugern typisch, die Korrelation zwischen der Masse der Augenlinse und dem Lebensalter. Speziell während der Wachstumsphase kann man mit Hilfe einer Eichkurve über der Augenlinsenmasse das Lebensalter bestimmen. Das Augenlinsenprotein bei adulten Tieren wächst noch stetig weiter, so ist diese Methode auch bei erwachsenen Tieren gut anwendbar (PELZ ET AL. 1997).

4.2. *Vergleich zu Biber und Bisam*

Im Folgenden sollen Gemeinsamkeiten und Unterschiede von Biber, Bisam und Nutria aufgelistet werden, da diese Tiere speziell in Deutschland sehr viele Ähnlichkeiten besitzen und ihnen stellenweise gleichermaßen eine große Schadwirkung nachgesagt wird. Dabei kommt es oft zu Verwechselungen der Nutria mit Otter und Mink, sehr viel häufiger jedoch mit dem wesentlich kleineren Bisam und dem größeren Bi-

---

[1] Gefäßverengung

ber. Speziell bei schwimmenden Tieren fällt die Unterscheidung oft nicht leicht (ELLIGER 1997). Der Rücken ragt bei Bisam und Nutria aus dem Wasser heraus, wobei die Nutria eine deutliche Delle im Rücken erkennen lässt. Beim Bisam ist die Kopf-Rückenlinie nur schwach wellig ausgeprägt. Bei einem ausgewachsenen Biber ist der Rücken beim Schwimmen meist vollständig unter Wasser. Diese Unterscheidungsmerkmale sind jedoch von Laien häufig nicht zu erkennen, weshalb in Berichten von Tageszeitungen oft aus Unkenntnis Beiträge über Biber oder Bisam fälschlicherweise mit Fotos von Nutrias illustriert werden.

Speziell bei Größe und Morphologie kann man bei den drei Arten jedoch einige wichtige Unterschiede feststellen. Biber sind größer als Nutrias und diese wiederum größer als Bisams (vgl. Abb. 4).

Abbildung 4: Zeichnung der Körpergestalt von Biber, Bisam und Nutria im Größenvergleich (aus DVWK 1997)

Die Form des Schwanzes unterscheidet sich bei den drei Arten charakteristisch. Während der Biber eine sogenannte „Kelle" besitzt, ist beim Bisam der Schwanz seitlich zusammengedrückt und bei der Nutria drehrund (SCHMIDT 2001).

Der Nachweis von Nutrias erfolgt häufig nicht durch direkte Beobachtungen, sondern über die Spuren, die sie hinterlassen. Besonders eignen sich hier Losung, Trittsiegel (vgl. Abb. 5), Nagespuren, Baue und Nester (ELLIGER 1997).

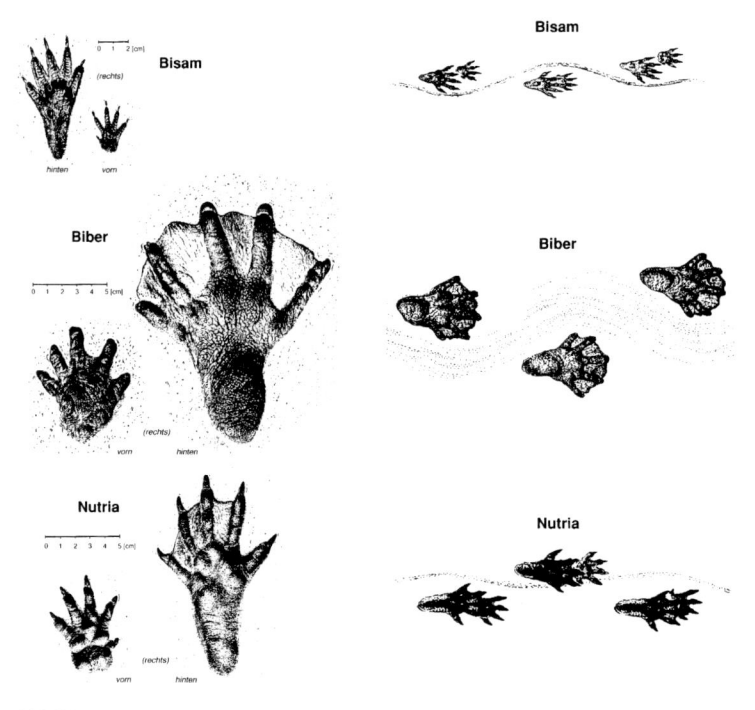

Abbildung 5: Trittsiegel (links) und Spuren beim Gehen (rechts) von Bisam, Biber und Nutria im Vergleich (aus DVWK 1997)

Die Identifizierung über den Kot ist nicht immer möglich, da Nutrias diesen oft im Wasser absetzen (Schmidt 2001). Gemeinsam haben die drei Arten ihre hervorragenden Schwimm- und Tauchfähigkeiten, sowie ihren wasserabweisenden Pelz und die Hauptnahrung in Form von Sumpf- und Wasserpflanzen (SCHÜRING 2010). Auch besitzen alle neben Fettdrüsen auch ausgeprägte Duftdrüsen. So wurde die Moschusdrüsen des Bisams zum Beispiel zur Parfümherstellung genutzt (SCHMIDT 2001).

Nutria und Bisam konnten in Europa sesshaft werden, obwohl bereits semiaquatische Säugetiere vorhanden waren (Biber und Schermaus). In Nordamerika leben Biber und Bisam oftmals am gleichen Gewässer, wohingegen in Europa die Nutria häufig mit dem Bisam am gleichen Gewässer wohnt. Die drei Arten besiedeln sehr häufig ähnliche Gewässer, wobei auch die Baue der jeweils anderen Art bewohnt werden können (DVWK 1997). Im Vergleich zu Bisam und Nutria ist aber der Biber weitaus wählerischer und bevorzugt eher sehr gut geeignete Habitate. Dies beinhaltet für ihn speziell breite Gewässer mit einer Mindesttiefe von 50 cm. Nutrias und Bisams sind in ihrer Habitatwahl wesentlich anpassungsfähiger und können sich auch weitestgehend in für sie nur suboptimalen Gebieten etablieren. So ist die Wassertiefe beispielsweise für die Nutria kein limitierender Besiedlungsfaktor (CORRIALE ET AL. 2006). Untersuchungen aus den Ardennen und anderen Gebieten zeigen, dass Biber hauptsächlich Habitate wählen, in denen die Baumarten *Alnus glutinosa*, *Populus spp.*, *Fraxinus excelsior* und *Carpinus spp.* vorkommen. Ergänzend dazu werden Birken- und Weidenarten präferiert. Auch solche artspezifischen Habitatbedingungen konnten für Bisam und Nutria bisher nicht nachgewiesen werden. Nutrias bevorzugen zwar Gebiete mit vielen und hochwachsenden Nahrungspflanzen, doch ist es für sie kein Problem, in Gebieten zu leben, die nur wenig Vegetation aufweisen (RUYS ET AL. 2011). Zum Teil ernähren sich die drei Arten sogar von den gleichen Pflanzen, ohne das Nutria und Biber jedoch in echte Nahrungskonkurrenz zueinander zu treten (DVWK, 1997).

Bei Untersuchungen im Süden der USA, stellte man fest, dass Nutria und Bisam wenig konkurrieren, weil dort der Bisam vermehrt in Salz- und Brackwasser vorkommt, während die Nutria mehr in Süßwasser lebt. Ebenso konnte bei der Nahrung nur wenig Überlappung festgestellt werden, da sich dort die Nutria hauptsächlich von *Spartina spp.* ernährt, während sich der Bisam mehr von *Schoenoplectus spp.* ernährt. Dennoch konnte bei intensiver Entnahme der Nutrias eine enorme Ausbreitung der Bisams in die Habitate der Nutrias festgestellt werden (BAROCH & HAFNER 2002). Normalerweise kann man sich die Nahrungsnischenverhältnisse wie in Abbildung 6 dargestellt vorstellen.

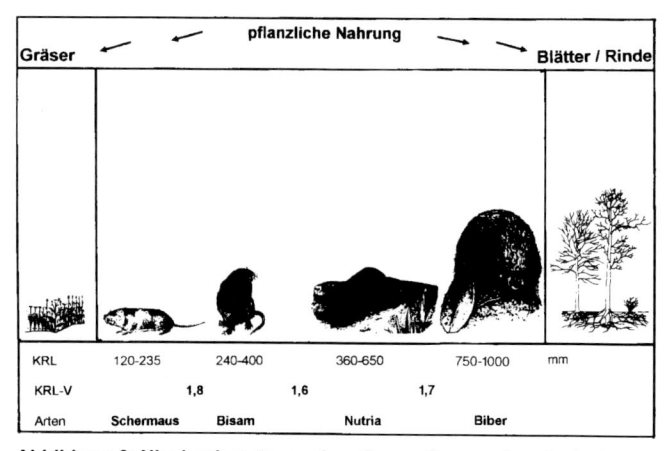

Abbildung 6: Nischenbesetzung der pflanzenfressenden deutschen semiaquatischen Nagetiere (KRL: Kopf-Rumpf-Länge in mm; KRL-V: Kopf-Rumpf-Längen-Verhältnis zwischen zwei benachbarten Arten; aus DVWK 1997)

Während Schermaus und Bisam grob gesagt mehr Gräser bevorzugen, beziehen Nutria und vor allem Biber mehr Blätter, Äste und Rinde. Wie bei der Nutria später jedoch noch festgestellt wird, ist ihr Nahrungsspektrum wesentlich breiter gefächert, als hier dargestellt. Die Abbildung dient hier also lediglich dazu, sich einen Überblick der ökologischen Nischen der semiaquatischen Säugetiere in Deutschland zu verschaffen.

Im Winter sucht die Nutria meist über dem Eis nach Nahrung, während der Bisam auch unter der Eisdecke bleiben kann und auf submerse Pflanzen, Muscheln und Krebse zurückgreift. Somit ist das Nahrungsangebot im Winter für Bisams unproblematischer als für Nutrias (Schmidt 2001). Im Vergleich zum Biber kann die Nutria im Winter auch gefrorene Phytomasse zu sich nehmen, während der Biber sich primär von der Rinde verschiedener Gehölze wie etwa Pappel und Weide ernährt (HEIDECKE ET AL. 2001).

Alle drei Nager sind natürlicherweise vornehmlich nachtaktiv, besiedeln ähnliche Gewässer, aber haben aber trotzdem ihre jeweils eigene ökologische Nische (SCHÜRING 2010). Zu den bestimmenden Faktoren für die Nische gehört neben der Rückwirkung der Art auf ihre Umwelt, auch die Dynamik der Jahreszeiten. So kann es im Winter im Zuge von Vereisungen zu Nahrungsmangel kommen, im Sommer bei Niedrigwasser können Baue trocken fallen und im Frühjahr kommt es mancherorts zu ausgedehnten Fang-Programmen (Schmidt 2001).

Nutrias besiedeln kleine bis mittlere Gewässer mit geringer Fließgeschwindigkeit und reicher Ufervegetation. Sie besiedeln jedoch auch Gewässer in Agrarregionen und ernähren sich dort auch von Kulturpflanzen. Im Vergleich zum Biber ist das Ernteverhalten von Nutrias auf Feldern oft großflächig und konzentrisch, während es beim Biber eher nur vereinzelt zum Fressen einzelner Kulturpflanzen kommt. Nutrias sind im Vergleich zu Biber und Bisam die Anspruchsloseren, was speziell die Uferstruktur betrifft. Sie sind insgesamt weniger stark an Gewässer gebunden als Biber und Bisam (KINZELBACH 2001).

Während sich die Wurfzeit beim Biber nur auf bestimmte Zeiten im Jahr beschränkt, kann die Nutria das ganze Jahr über werfen (Stubbe et al. 2009). Bei allen drei Nagetieren findet sich eine dichteabhängige Populationsdynamik. Die Dichte der Population wird vom Territorialinstinkt bestimmt (Schüring 2010). Die Ausbreitung erfolgt bei Allen entlang von Gewässern, allerdings wandern Nutrias normalerweise bedeutend seltener als der Bisam (SCHMIDT 2001). Der Biber hingegen nutzt die großflächigsten Räume der drei Arten (HEIDECKE ET AL. 2001).

Allen drei Arten wird eine mehr oder minder starke Schadwirkung angelastet. Speziell der Bisam ist als intensiver Gräber in Dämme und Teichanlagen, sowie als Räuber von Muschelbänken auch in Frankreich ein Schädling (ZAHNER 2004). Über die Schadwirkung des Bibers ist man sich in Europa jedoch keineswegs einig. In den meisten Ländern war er stark bedroht oder sogar ausgestorben. In Deutschland, Frankreich und Belgien wurde er daraufhin wieder angesiedelt, da er ursprünglich zur heimischen Fauna zählte und für viele Menschen eine Bereicherung darstellt. Im Gegensatz zu Bisam und Nutria werden ihm hauptsächlich positive Effekte unterstellt. Durch seine einzigartigen gestalterischen Fähigkeiten, sich seinen eigenen Lebensraum zu schaffen, hilft er auch gleichzeitig vielen Pflanzen und Tieren sich anzusiedeln und zu verbreiten. Dadurch kann für den Menschen ein effektiver Schutz vor Überflutungen entstehen, ebenso ein Puffer gegen Luftverschmutzung. Diese positiven Effekte sorgen dafür, dass der Biber im Gegensatz zu Bisam und Nutria stark geschützt wird und in seiner Ausbreitung nahezu ungehindert agieren kann (RUYS ET AL. 2011).

4.3. Ernährung

Das Nahrungsspektrum wird durch Beobachtungen äsender Nutrias, dem Auffinden von Fraßplätzen, gefundenen Nahrungsresten und Verbissstellen bestimmt. Die Hauptnahrung von Nutrias in freier Wildbahn ist rein vegetarisch. Es werden vor allem Schilf- und Wasserpflanzen gefressen, welche in Deutschland beispielsweise *Phragmites australis, Limosella aquatica, Typha spp., Elodea spp.* und *Glyceria spp.*, sowie weitere Gräser sein können (ELLIGER 1997; BERTOLINO ET AL. 2012). In Tabelle 1 findet man einen Auszug von diesen und anderen von Nutrias bevorzugten in Deutschland heimischen Pflanzen.

Tabelle 1: Ein typisches Nahrungsspektrum der Nutria in Deutschland (aus STUBBE & BÖHNING 2009)

Frühjahr	Sommer	Herbst	Winter
Aegopodium podagraria	*Filipendula ulmaria*	*Filipendula*-Rhizome	*Alnus glutinosa*-Rinde
Agropyron repens	*Glyceria maxima*	*Glyceria maxima*	*Hedera helix*-Rinde
Caltha palustris	*Holcus* spec.	*Medicago* spec.	*Iris pseudacorus*
Dactylis glomerata	*Lactuca*-Arten	*Trifolium* spec.	*Phragmites australis*
Lolium perenne	*Lemna*-Arten	*Lactuca*-Arten	*Quercus*-Rinde
Stellaria spec.	*Nuphar lutea*	*Phalaris arundinacea*	*Rumex*-Rhizome
Sonchus asper	*Phalaris arundinacea*	*Phragmites australis*	*Schoenoplectus*-Rhizome
Sonchus arvensis	*Phragmites australis*	*Rumex*-Rhizome	*Salix* spec.-Rinde
Sonchus palustris	*Poa trivialis*	*Typha* spec.	*Typha* spec.
Taraxacum spec.	*Rumex* spec.	Obst	Obstgehölzrinde
Triticum aestivum	*Salix* spec.	Zuckerrüben	Fallobst, solange verfügbar
	Schoenoplectus-Rhizome	Möhren	
	Taraxacum spec.	Maiskolben	
	Typha spec.	Kartoffeln	
	Zuckerrüben		
	Maiskolben		

Zu beachten sind hier die unterschiedlichen Präferenzen der Tiere für verschiedene Jahreszeiten, in Abhängigkeit der Verfügbarkeit. Dies deckt sich mit Beobachtungen aus Frankreich (ABBAS 1991) und Norditalien, wo die Tiere ebenfalls den Jahreszeiten entsprechend unterschiedliche Pflanzen zu sich nehmen (vgl. Abb. 7).

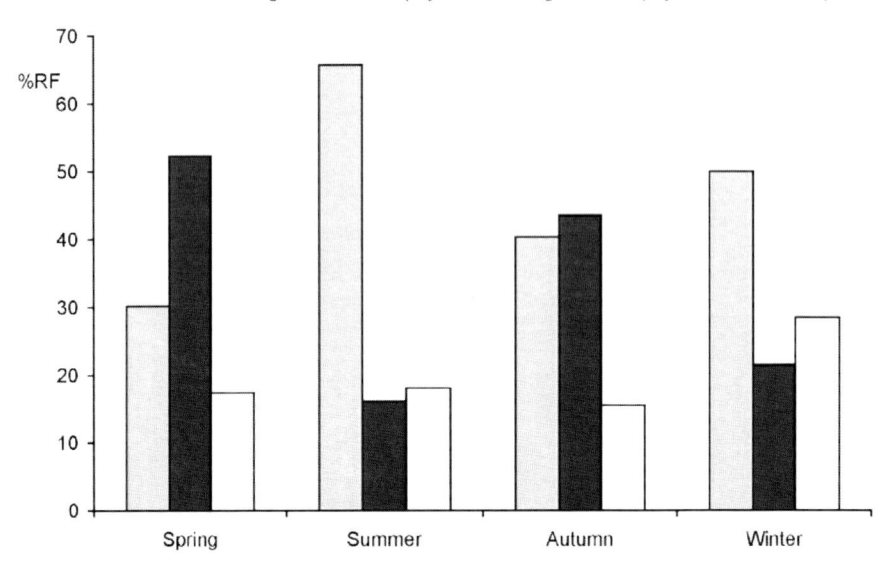

Abbildung 7: Jahreszeitliche Variationen der Nahrungsspektren bei Nutrias in Norditalien, bestehend aus aquatischen und terrestrischen Pflanzen (%RF= relative Häufigkeit in Prozent; aus PRIGIONI ET AL. 2005)

Die Tiere greifen im Frühling und Herbst hauptsächlich auf sumpfige Ufervegetation (emergent macrophytes) zurück, während sie im Winter und vor allem im Sommer hauptsächlich Unterwasserpflanzen (submersed macrophytes) und Schwimmblattpflanzen (floating-leaved macrophytes) bevorzugen. Terrestrische Pflanzen spielten dort nur im Winter eine Rolle, während sie in allen anderen Jahreszeiten nur einen geringen Teil am Nahrungsspektrum ausmachten (PRIGIONI ET AL. 2005; BERTOLINO ET AL. 2012).

Nutrias nehmen täglich ungefähr ¼ ihres Körpergewichts an Nahrung auf (LEBLANC 1994). Die herbivore Nahrungsweise ist sowohl typisch für ihr Ursprungsgebiet, als auch in den Ländern, wo sie eingeschleppt wurde (PRIGIONI ET AL. 2005). Sie besitzen ein recht breites Nahrungsspektrum, wobei die meisten Pflanzenteile gefressen werden. Sogar der für Menschen giftige Wasserschierling wird vertilgt (ELLIGER 1997). Insgesamt kann sich die Nahrung, je nach Angebot, durchschnittlich auf 24 bis 40 verschiedene Pflanzenarten beziehen (COLARES ET AL. 2010; BERTOLINO ET AL. 2012). Juvenile Tiere konsumieren generell weniger verschiedene Pflanzenarten als die Adulten (PRIGIONI ET AL. 2005).

Bei dauerhaft hohem Angebot vieler verschiedener Nahrungspflanzen entwickeln Nutrias eine Präferenz für nur einige wenige Arten. Dies hängt mit dem Nährstoffgehalt der Pflanzen zusammen, wobei solche mit hohen Gehalten bevorzugt werden. Dies verändert sich, sobald sich das Angebot verschlechtert. In diesem Fall wird auf ein breiteres Spektrum an Pflanzen zurückgegriffen, um den Nährstoffbedarf decken zu können. Auch im Laufe einer Vegetationsperiode kann sich das Nahrungsspektrum der Tiere ändern, wenn etwa bei einigen Pflanzen der Nährstoffgehalt aufgrund der Blühperiode abnimmt (COLARES ET AL. 2010). Da Nutrias bis zu fünf Minuten tauchen können, ist die Nahrungssuche unter Wasser kein Problem, wobei ihnen die körperlichen Merkmale dabei helfen (vgl. Kapitel 4.1.). Biber und Bisam können jedoch länger unter Wasser bleiben (DEUTZ 2001). Beim Tauchen haben Nutrias außerdem die Fähigkeit der Bradykardie[2] in Verbindung mit Vasokonstriktion (vgl. Kapitel 4.1.), was die körperlichen Bedingungen bei der Nahrungssuche unter Wasser verbessert (BAROCH & HAFNER 2002).

Der Aufbau des Verdauungsapparates lässt auf eine insgesamt sehr rohfaserreiche Nahrung schließen. Im sehr groß gewachsenen Blinddarm wird Zellulose durch unzählige Bakterien aufgeschlossen (DEUTZ 2001). Trotz dieser Fähigkeit wird gerade bei juvenilen Tieren häufig eine vermehrte Aufnahme von jungen Blättern der Ufervegetation beobachtet, aufgrund der geringeren Konzentration an Zellulose und der damit leichteren Verdauung (COLARES ET AL. 2010). Hier sind es vor allem die jungen Blätter von *Robinia pseudoacacia*, die konsumiert werden. Auch die Nahrungsbeschaffung an Land ist für die juvenilen Tiere mit einem geringeren Energieverbrauch verbunden. Da die Jungtiere zudem auf weniger nahrhafte Nahrung angewiesen sind als die Erwachsenen, fällt der geringere Gehalt an Nährstoffen in den terrestrischen Pflanzen somit kaum ins Gewicht (PRIGIONI ET AL. 2005).

In freier Wildbahn lebt die Nutria ausschließlich vegetarisch, während sie in Gefangenschaft auch Fische, Enteneier, Garnelen und Flussmuscheln verspeist (ELLIGER 1997). Entgegen dieser Beobachtung, gibt es auch Behauptungen, welche die Nutria stellenweise beim Erbeuten von Vogeleiern beschreiben (PANZACCHI ET AL. 2007). Die genannte Quelle PANZACCHI ET AL. (2007) ist bisher jedoch die einzige Untersuchung, die diese Beobachtungen angibt. Bei Untersuchungen in Zentralitalien konnte sogar mit Kameraaufnahmen belegt werden, dass Nutrias in freier Wildbahn kein Interesse an Vogeleiern zeigen (BERTOLINO ET AL. 2011).

---

[2] Verlangsamter Herzschlag

Eine zu hohe Nutriadichte übt einen ernst zu nehmenden Selektionsdruck auf die aquatische Vegetation aus (ELLIGER 1997). Der Tagesbedarf an pflanzlicher Nahrung liegt bei adulten Tieren bei bis zu 25% des eigenen Körpergewichtes (DEUTZ 2001). In Louisiana wurde ein Nutria-Biomasse-Modell entwickelt, um den Druck, den die Tiere auf die Natur ausüben, zu verdeutlichen. Das Modell wurde für ein Sumpfgebiet evaluiert, wie es dort häufig vorkommt. Dabei stellte sich heraus, dass das Gebiet eine Nutriadichte von 4,6 Tieren pro Hektar ertragen konnte. Alles was darüber hinausging, führte unweigerlich zum Kollaps des Biotops, da sich die Pflanzen aufgrund des Fraßdrucks nicht mehr erholen konnten. Infolgedessen kollabierte dort auch die Nutriapopulation (CARTER ET AL. 1999).

Nutrias schleppen ihr Futter oft ins Wasser, um es anzufeuchten und somit besser kauen zu können. Ähnliches Verhalten ist auch beim Waschbär *Procyon lotor* zu beobachten (KLAPPERSTÜCK 2004). Diese Handlungsweise wird meist tagsüber ausgeführt, während nachts vermehrt an Land gefressen wird (DEUTZ 2001). Kräuter und Gräser werden zunächst abgetrennt und erst an einem Fraßplatz verzehrt. Dieser befindet sich meist in einer geschützten Uferpartie (KLAPPERSTÜCK 2004). Beim Fressen verlagert das Tier sein Gewicht in typischer Nagetierweise auf die Hinterbeine und nimmt das Futter mit den Vorderpfoten sitzend auf (vgl. Abb. 8). Dies erlaubt es der Nutria bei Gefahr schnell flüchten zu können.

Abbildung 8: Typische Nagetierhaltung beim Fressen, wobei das Gewicht auf die Hinterbeine verlagert wird, um sitzend mit den Vorderpfoten die Nahrung aufzunehmen (von WWW.NATURGUCKER.DE).

Bei schlechter Nahrungslage und hohem Populationsdruck können Nutrias sich bis zu 100m vom Ufer entfernen (ABBAS 1991; KINZELBACH 2001). Wenn wenig oder kaum Wasserpflanzen vorhanden sind, werden dann vermehrt terrestrische Pflanzen verspeist (BORGNIA ET AL. 2000; PRIGIONI ET AL. 2005; CORRIALE ET AL. 2006), was natürlicherweise im Winter und Frühling der Fall ist (ABBAS 1991). Aber auch bei suboptimalen Habitaten, wo generell nur wenige Wasserpflanzen vorhanden sind, wird konsequenterweise vermehrt auf terrestrische Vertreter zurückgegriffen. So werden dann auch Kulturpflanzen wie Kartoffeln, Möhren, Zuckerrüben, Mais, Getreide und Raps nicht verschmäht. Dies kann auch in privaten Gärten zu erheblichen Schäden führen (Kinzelbach 2001). Natürlicherweise beziehen sie ihre Nahrung jedoch vom Wasserkörper und dessen direkter Ufervegetation (COLARES ET AL. 2010). Bei strengen Wintern und Hochwässern werden Zweige und Stämme von Weiden, Weißdorn, Efeu und Stieleiche geschält und auch gefrorene Pflanzen gefressen (DVWK 1997).

In ihrer Heimat Argentinien ernähren sich Nutrias größtenteils von hygrophilen Monokotylen, während die terrestrischen Vertreter, außer im Winter, abgelehnt werden. Bei den Dikotylen ist es sogar noch eindeutiger. Hier werden sowohl die meisten hygrophilen, als auch die meisten terrestrischen Pflanzen, bis auf wenige Ausnahmen im Herbst, verschmäht. Es stellte sich dort bei Untersuchungen weiter heraus, dass 80% der kompletten Nahrung nur aus zwei hygrophilen Monokotylen bestand: *Lemna spp.* und *Eleocharis bonariensis* (ABBAS 1991; BORGNIA ET AL. 2000; COLARES ET AL. 2010). Während im Winter und Frühling hauptsächlich *Eleocharis bonariensis* konsumiert wurde, war es im Sommer und Herbst vermehrt *Lemna spp.* (BORGNIA ET AL. 2000). Dieser Umstand hat etwas mit dem Nährgehalt der Pflanzen zu tun. In dikotylen Pflanzen finden sich sekundäre Metaboliten, die den Nährstoffgehalt der Pflanze verringern. Dies ist bei monokotylen Pflanzen nicht der Fall. Auf der anderen Seite hängt die Nahrungsaufnahme mit der Beschaffenheit des Habitates zusammen (ABBAS 1991; BORGNIA ET AL. 2000; COLARES ET AL. 2010). Das Wasser dient den Tieren als Schutz vor Prädatoren, außerdem ist der Kosten-Nutzen-Faktor direkt am Wasser, an welcher Stelle sich auch die Baue befinden, höher. So liegen Nahrungsquellen und Rückzugsmöglichkeiten innerhalb weniger Meter. Diese Ernährungsweise in der Nähe der Baue ist kein Einzelfall im Tierreich. Man kann dies auch bei *Cavia aparea*, *Octodon degus* und *Lagostomus maximus* beobachten (GUICHÓN ET AL. 2003). Auch Untersuchungen aus Argentinien zeigen, dass die Tiere sich die meiste Zeit des Tages in unmittelbarer Nähe zum Gewässer aufhalten und sich nur selten weit vom Ufer entfernen. 92% der Handlungen der Nutrias spielen sich nach dieser Studie nicht weiter als 4 m vom Wasser entfernt ab (vgl. Abb. 9).

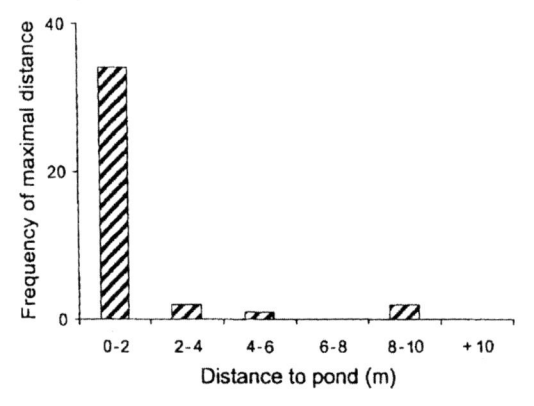

Abbildung 9: Häufigkeit der Entfernung zum Gewässer, die Nutrias bei der Nahrungssuche zurücklegen (aus D'ADAMO ET AL. 2000)

In der Abbildung ist zu erkennen, dass sich die Tiere sogar meist nur bis zu 2 m vom Gewässer entfernen und es nur sehr selten zu größeren Entfernungen kommt. Diese Gewässergebundenheit konnte auch in anderen Studien nachgewiesen werden (D'ADAMO ET AL. 2000; BORGNIA ET AL. 2000). Verlagert sich die Ernährung vom Wasser weg vermehrt zu Landpflanzen, so ist davon auszugehen, dass aquatische Nahrungsangebote kaum noch vorhanden sind (COLARES ET AL. 2010).

Wie andere Nagetiere auch, sind Nutrias koprophag. Koprophagie ist ein wichtiger Faktor um bei vielen Nagetieren zu erklären, warum sie die Fähigkeit besitzen, sich ausschließlich herbivor von wenig proteinhaltigen Pflanzen zu ernähren. Wenn der Akt der Koprophagie kurz bevor steht, kauern sich Nutrias für ein paar Sekunden in eine Art Hocke, verweilen so und praktizieren erst dann den gesamten Vorgang. Bevor sie den Kot runterschlucken, wird dieser jedes Mal erst gekaut. Der Vorgang findet bei wildlebenden Tieren fast ausschließlich nachts statt, wobei die adulten Tiere mehr als doppelt so viel Zeit damit verbringen, als die Juvenilen. Dies unterscheidet Nutrias von der Koprophagie bei Ratten und Mäusen, wo es keine Unterschiede zwischen Adulten und Juvenilen, wohl aber innerhalb der Intensität gibt. Vor jedem Vorgang der Koprophagie hören die Nutrias für einen längeren Zeitraum gänzlich auf, Nahrung zu sich zu nehmen, legen sich stattdessen meist hin und betreiben Fellpflege. Der erste Kot der ausgeschieden wird ist sehr feucht und hat einen hohen Anteil an Aminosäuren. Nachdem dieser wieder aufgenommen wurde, wird schließlich erneut Kot abgesetzt, der dann wesentlich härter ist und auch viel weniger Nährstoffe enthält. Koprophagie stellt für Nutrias eine wichtige Möglichkeit dar, Proteine und Nährstoffe überhaupt aufnehmen zu können.[3] (TAKAHASHI & SAKAGUCHI 1998).

4.4. Lebensweise

Im Folgenden wird auf die speziellen Lebensraumansprüche der Nutria eingegangen. Besonders wird in diesem Kapitel jedoch das Verhalten des Tieres dargestellt, da sich hier einige Besonderheiten zeigen, die für das Gesamtverständnis der Untersuchung von großer Bedeutung sind.

4.4.1. Habitat

Die Nutria lebt nicht nur in Süßwasser, sondern kommt auch mit Salzwasser zurecht. Sogar stark salpeterhaltiges Wasser soll vertragen werden. Es werden Sumpfgebiete, Teiche, Seen, Flüsse und Küstenbereiche besiedelt. Flächen die mit Schilf oder Wasserpflanzen bewachsen sind, werden bevorzugt. Präferiert werden ruhige Wasserzonen, vegetationsreiche Altarme, Buchten, Lagunen, Seen und kleine Bäche mit geringer Fließgeschwindigkeit (HEIDECKE & RIECKMANN 1998). Es werden speziell offene Landschaften und Gewässer mit guter Wasserqualität bevorzugt (ELLIGER 1997), in Argentinien gehört dazu vor allem Graslandsteppe (GUICHÓN & CASSINI 2005).

Die Wassertemperatur kann stark variieren, da viele Gewässer im Winter mehrere Wochen zufrieren können. Auch bei sehr geringen Temperaturen sind die Metzen in der Lage zu werfen und die Jungtiere erfolgreich aufzuziehen. Diese Fähigkeit der Adaptation darf jedoch nicht überschätzt werden. Wenn Gewässer zu lange vollständig gefrorenen sind, sind Nutrias in freier Wildbahn nicht mehr in der Lage, Futter unter der Eisdecke zu erreichen und können bei anhaltendem Nahrungsmangel verhungern (BERTOLINO 2001 in NENTWIG 2011). Von Züchtern wurde diesbezüglich beobachtet, wie unbeholfen Nutrias unter der Eisdecke tauchen und häufig nicht mehr herausfinden (KLAPPERSTÜCK 2004).

Nutrias sind zumindest temporär in der Lage, jede Uferform zu nutzen, mit Ausnahme von Brücken, Schleusen, Wehren und betoniertem Steilufer. Mit zunehmendem Ausbaugrad des Ufers nimmt die Nutzungsaktivität natürlicherweise ab. So gibt es

---

[3] Proteine der pflanzlichen Nahrung werden erst im Blinddarm durch Bakterien verfügbar gemacht. Die Aufnahme in den Körper erfolgt jedoch bereits vorher im Dünndarm.

Beobachtungen, dass keine unterirdischen Baue angelegt wurden, wenn die Ufer stark ausgebaut oder geschottert waren. Bei solchen Populationen existiert dann eine hohe Wintersterblichkeitsrate. Faschinenverbaute Ufer werden häufiger genutzt und es werden stellenweise sogenannte Burgen gebaut. Idealste Bedingungen liefern komplett unverbaute Uferstreifen, an denen unterirdische Baue angelegt werden (STUBBE ET AL. 2009). Vielerorts treten auch große Nutriavorkommen an Gewässerabschnitten in Siedlungsnähe auf. Hier herrscht ein günstiges Mikroklima, erfolgen Fütterungen und Schutz durch Menschen (HEIDECKE & RIECKMANN 1998). Dies gilt jedoch nicht zwangsläufig für die Heimat der Nutrias in Argentinien. Hier meiden die Tiere bewusst menschliche Siedlungen und Störungen, aufgrund des wesentlich höheren Jagddrucks durch den Menschen (GUICHÓN & CASSINI 2005).

Die Nutria ist ein standorttreues Tier und unternimmt meist keine großen Wanderungen, es sei denn, äußere Umstände zwingen sie dazu. Bei Austrocknung von Gewässern und bei Überschwemmungen kann es beispielsweise zu Nahrungsmangel kommen, wodurch die Nutria zu einem neuen Habitat wandern muss. Bei diesen Wanderungen wurde bereits in Südamerika beobachtet, dass sich Nutrias kurzfristig auch über die Kulturpflanzen hermachen.

Die bereits erwähnte Uferbeschaffenheit, speziell der Vegetation, hat einen entscheidenden Einfluss auf die Populationsdichte. Besonders große und dichte Röhrichtbestände sind gerade im Sommer ein perfekter Lebensraum. Dieser wird nicht nur als Schutz genutzt, sondern auch für die Errichtung von Nestern und nicht zuletzt als wichtige Nahrungsgrundlage (MARINI ET AL. 2011).

Natürliche Feinde für Nutrias gibt es in Europa auf Grund ihrer Größe kaum. Lediglich junge Nutrias können durch Füchse, Hunde, Mink, Greifvögel und Eulen erbeutet werden. Stellenweise gibt es auch Beobachtungen, wonach juvenile Tiere Opfer von Graureihern und Krähen wurden. In Südamerika werden sie u.a. von Kaimanen und ausgewilderten Hunden gejagt, während ihnen in Nordamerika vor allem Gefahr von Alligatoren, Schleiereulen und Weißkopfseeadlern droht. Dort konnten auch Schildkröten, Hechte und Dreieckkopfottern stellenweise als Räuber identifiziert werden. Größter Feind in Mitteleuropa ist jedoch ein strenger Winter mit langen Frostperioden und viel Schnee. (KINZELBACH 2001; BERTOLINO ET AL. 2012).

4.4.2. Baue

Der favorisierte Aufenthaltsort der Nutrias sind die Uferränder, wo Höhlen gebaut werden können. Diese sind meist 1m lang und 40 – 60 cm im Durchmesser (ELLIGER 1997). Beobachtungen aus Gefangenschaft haben gezeigt, dass die Gänge gelegentlich auch 6 m lang werden können (KLAPPERSTÜCK 2004). Manche berichten sogar von Gangsystemen mit bis zu 45 m Länge (SHEFFELS & SYTSMA 2007). Insgesamt sind die Gangsysteme wesentlich einfacher und weniger verzweigt gehalten als beim Bisam. Die Eingänge befinden sich ausschließlich über der Wasseroberfläche (vgl. Abb. 10).

Abbildung 10: Über dem Wasserspiegel liegender Eingang zu einem typischen Nutriabau bei Trebur-Geinsheim, Hessen (von WWW.NATURGUCKER.DE)

Der Gang führt meist schräg aufwärts und endet dann in der eigentlichen Höhle, die als Wurfort und Wohnraum dient. Vielfach werden auch unmittelbar unter den Wurzeln von ufernahen Bäumen die Höhlen angelegt. Stärker geneigte Flächen zum Graben eines Baues werden bevorzugt, da hier aus der Horizontalen aus gegraben werden kann, was den Bodenaustrag erleichtert. Oft werden vorhandene Bisambaue benutzt und erweitert (DVWK 1997). Stellenweise sollen sogar Bisam und Nutria gleichzeitig die gleichen Baue bewohnt haben (STUBBE 1998 in BIELA 2008). Ein bis zwei Öffnungen des Baus sind die Regel. Bei längeren Bauen können jedoch fünf bis sieben Öffnungen vorhanden sein (GUICHÓN ET AL. 2003).

4.4.3. Nester

Ein bevorzugter Bereich von Nutrias sind Lagunen, wo das Wasser gar nicht oder nur langsam fließt, nicht zu tief und reichlich mit Schilf bewachsen ist (KINZELBACH 2001). In solchen Bereichen werden oftmals Schilfnester angelegt, die auch manchmal als Nutria-Sasse bezeichnet werden (vgl. Abb. 11).

Abbildung 11: Typische Nutria-Sasse an der Jeetzel (aus DVWK 1997)

Hierbei werden die Spitzen des Schilfs niedergebogen und mehr oder weniger geflochten. Umliegendes Schilf wird weiter darüber gebogen, bis eine solide „Hütte" entsteht. Bei ansteigendem Wasser wird einfach auf die Hütte eine weitere gebaut. Die Nester werden auf diese Weise zuweilen fast burgähnlich ausgebaut (STUBBE ET AL. 2009) und erreichen Höhen von bis zu 70 cm, was letztendlich aber abhängig vom Wasserstand ist (HEIDECKE ET AL. 2001). Diese Burgen (vgl. Abb. 12) dienen im Sommer als Sitz- und Schlafplatz und werden primär nur an stillen und langsam fließenden Gewässern gebaut (STUBBE ET AL. 2009). Stellenweise werden die Burgen sekundär ausgehöhlt, wenn sich die Witterungsverhältnisse verschlechtern. Die Tiere suchen dann innerhalb der Burgen Schutz (HEIDECKE ET AL. 2001).

Abbildung 12: Nutria auf einer typischen Burg im Allertal, Sachsen-Anhalt (von WWW.NATURGUCKER.DE)

Die meisten Nester dienen oft als Lager und haben eine Fläche von ungefähr 4 m². Im Winter befinden sie sich vermehrt im dichten Röhrichtbestand, da die Nutrias hier vor der Kälte geschützt sind (STUBBE ET AL. 2009). Solche Habitate mit optimalen Lebensbedingungen, zeigen eine wesentlich niedrigere Wintersterblichkeit auf, als bei suboptimalen Gebieten (HEIDECKE ET AL. 2001).

In ihrem natürlichen Verbreitungsgebiet in Südamerika werden ebenfalls sowohl Höhlen beziehungsweise Baue, als auch Nester angelegt (CORRIALE ET AL. 2006).

4.4.4. Verhalten

Die Nutria ist natürlicherweise als nocturnales, crepusculares, semiaquatisches Säugetier zu betrachten. Sie ist auf den Lebensraum Wasser direkt angewiesen, hält sich jedoch zum großen Teil auf dem Land auf. Im Wasser finden hauptsächlich Nahrungsaufnahme, Defäkation und auch Kopulation statt. Die schlitzförmigen Pupillen deuten auf ein dämmerungsaktives Tier hin, was für die freilebenden Nutriapopulationen außerhalb urbaner Räume zutrifft. Bei Farmtieren ist die Aktivität mehr tagsüber als nachts ausgeprägt. Bei urbanen Populationen befindet sich das Aktivitätsmaximum ebenfalls tagsüber, am Mittag und Nachmittag (SCHÜRG-BAUMGÄRTNER 1990).

Im Gegensatz dazu haben wildlebende Populationen außerhalb menschlicher Siedlungen ein gänzlich anderes Aktivitätsmaximum: zwischen Abenddämmerung und Morgengrauen. Dies entspricht dem natürlichen und ursprünglichen Verhaltensmuster der Tiere. Es konnte auch festgestellt werden, dass abwandernde Tiere aus urbanen Regionen ihre Tagesaktivitätsmuster in der Wildnis innerhalb kürzester Zeit umstellten. Während sie in städtischen Bereichen noch tagsüber aktiv waren, verschob sich die Aktivität außerhalb menschlicher Siedlungen innerhalb kürzester Zeit größtenteils zur Nacht hin (MEYER ET AL. 2005). Diese Beobachtungen wurden auch in Argentinien gemacht, jedoch gibt es dort keine Verhaltensänderung aufgrund niedriger Temperaturen, wie dies in Europa zu beobachten ist, da die niedrigsten Temperaturen in Argentinien noch immer wesentlich höher sind, als die Tiefstwerte in manchen Teilen Europas, in denen die Nutria vorkommt. Speziell in Großbritannien kam es bei den dort vorkommenden niedrigen Temperaturen zu Aktivitätsnachlässen. Dafür konnte jedoch tagsüber in Argentinien ein Einfluss von Regen auf die Aktivität der Tiere gezeigt werden, der diese wesentlich vermindert, wohingegen nachts kein Einfluss durch Regen festgestellt werden konnte (PALOMARES ET AL. 1994).

Auf kurze Entfernungen hat die Nutria ein sehr schlechtes Sehvermögen. Jedoch sind der Geruchsinn und der Hörsinn umso feiner ausgebildet. Schon bei den leisesten Geräuschen wird die Flucht ergriffen. Zur Abwehr können sie andererseits aber auch brummen und mit den Zähnen klappern.

An Land wird häufig das Einreiben des Fells beobachtet. Dieses wird mit Hilfe von Fettdrüsen an der Schnauze eingefettet, um so lange wie möglich unter Wasser trocken bleiben zu können. Wasser stellt bei jeder potenziellen Gefahr den primären Zufluchtsort dar. Ist das Gewässer zugefroren, ist der Bestand akut in Gefahr. So schlugen Ansiedlungsversuche in der ehemaligen Sowjetunion fehl, da dort Gewässer häufig monatelang zufrieren (KLAPPERSTÜCK 2004).

Junge Nutriaböcke sind bereits mit fünf Monaten geschlechtsreif und die Metzen zwischen fünf und sechs Monaten (KINZELBACH 2001). Konservative Schätzungen gehen davon aus, dass aus einem einzigen Nutriapaar in einem optimalen Habitat innerhalb von nur drei Jahren eine Populationsgröße von 16.000 Tieren entstehen kann. Dies zeigt, dass Nagetiere, also auch Nutrias, zu den r-Strategen zu zählen sind (MEYER 2001; SHEFFELS & SYTSMA 2007). Die Metzen leben meist in kleineren Familiengruppen zusammen und treiben die jungen, geschlechtsreif werdenden Böcke zum Abwandern aus der Gruppe (KINZELBACH 2001). In polygamen Gruppen verlassen subadulte Tiere die Gruppe bereits mit drei bis vier Monaten, während bei monogamen Familien dieser Zeitpunkt erst zwischen vier und sechs Monaten eintritt. Auch bei Farmtieren konnte diese Frühreife nachgewiesen werden (HEIDECKE ET AL. 2001).

Im Ursprungsverbreitungsgebiet in Südamerika unterscheidet sich häufig die soziale Struktur von der in Europa. Hier leben die Tiere oftmals in territorialen Gruppen zusammen, die aus mehreren adulten und subadulten Metzen, einem dominanten Bock, mehreren adulten und subadulten Böcken und variablen Anzahlen von Juvenilen bestehen. Die adulten Böcke werden also bis zu einem gewissen Grad von dem dominanten Bock geduldet, was unter den Nagetieren durchaus etwas Besonderes darstellt. In diesen Gruppen kommt es bei Gefahr zu Warnrufen, die die ganze Familie informieren. Auch ist allogrooming – wechselseitiges Reinigen des Fells als soziale Körperpflege - mehrfach beobachtet worden, sowie das Stillen von fremden Jungtieren. Nur Viscachas und Capybaras weisen ähnlich soziale Strukturen auf. Eingeschleppte Nutrias, beispielsweise in Europa, leben meist paarweise oder in kleineren lockeren Gruppen zusammen (GUICHÓN ET AL. 2003).

Nutrias sind polyöstrische Tiere: bei der Fortpflanzung besteht keine jahreszeitliche Gebundenheit, so dass das ganze Jahr über Nachwuchs möglich ist (HEIDECKE ET AL. 2001). Diese Beobachtungen wurden auch in Südamerika, Nordamerika und England gemacht. Saisonale Umweltschwankungen können so besser ausgeglichen werden. Jedoch beeinträchtigen strenge Hitze- und Frostperioden die Brunst der Metzen und die Decklust der Böcke. Wilde Nutrias sind sowohl monogam als auch polygam. Bei monogamen Paaren beteiligt sich auch der Bock an der Jungenaufzucht (KINZELBACH 2001). Wohingegen bei Kolonien mit mehreren geschlechtsreifen Metzen, wie in Südamerika häufig der Fall, der im Sozialverband dominante Bock kein solches Verhalten zeigt (HEIDECKE ET AL. 2001).

Die Tragzeit beträgt durchschnittlich 128 bis 132 Tage. Nach dem Wurf ist die Metze sofort wieder empfängnisbereit und so kann es theoretisch bis zu drei Würfe im Jahr geben. Die unter Nagetieren vergleichsweise lange Tragzeit ergibt sich daraus, dass die Jungen als Nestflüchter vollständig behaart und sehend zur Welt kommen, bereits nach kürzester Zeit der Mutter folgen können und nach wenigen Tagen bereits pflanzliche Nahrung aufnehmen. Jedoch entfernen sie sich in den ersten Wochen nur 1-2 m vom Bau (KINZELBACH 2001). Aber auch bei adulten Tieren konnte festgestellt werden, dass 50% der Tiere den Großteil der Zeit in direkter Nähe zum Bau verbringen (KLEMANN 2001).

Die Jungen sind nach zwei Monaten entwöhnt und bereits nach drei Monaten selbstständig. Die durchschnittliche Wurfzahl liegt bei fünf bis sechs Tieren (KINZELBACH 2001). Die Metzen sind zusätzlich in der Lage, bei schlechten Bedingungen und Nahrungsmittelknappheit bis in die 14. Trächtigkeitswoche einen Schwangerschaftsabbruch durchzuführen, wobei das unfertige Jungtier im Körper resorbiert wird. Eine andere Fähigkeit besteht darin, das Geschlecht zu kontrollieren und nur die Männchen zu gebären. Dies liegt darin begründet, dass die Männchen größere Strecken überwinden und aus dem Revier abwandern, um in Zeiten schlechter Umweltbedingungen eine Ausbreitung zu gewährleisten und geeignetes Genmaterial zu verbreiten. Hierfür bedarf es einer höheren Pflege der Mutter, da hier die Grundlagen für diese extremere Belastung der Männchen gelegt werden müssen (DONCASTER & MICOL 1989).

Unterschiede im Wanderverhalten von Metzen und Böcken wurden bei Untersuchungen in Südfrankreich gemacht, wo die Böcke eindeutig weitere Strecken zurücklegten als die Metzen, während bei Telemetrieuntersuchungen an der Saale in Deutschland keine statistisch signifikanten Unterschiede der zurückgelegten Entfernung zwischen Metzen und Böcken nachgewiesen wurden (MEYER 2001). Auch bei Untersuchungen in Louisiana USA, konnten keine geschlechtsspezifischen Unterschiede bei täglichen Wanderraten festgestellt werden.

Ein interessantes Verhalten weisen Nutriaböcke auf, die nach Verlassen des Wassers einen Handstand vollführen und nach hinten ihr Revier markieren (vgl. Abb. 13; KINZELBACH 2001).

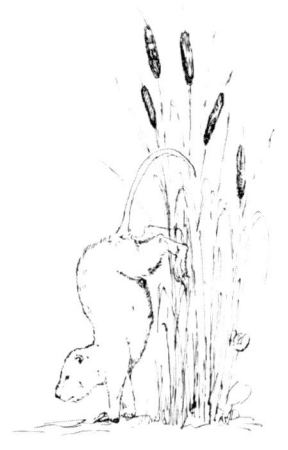

Abbildung 13: Handstandmarkierung der Nutriaböcke (aus STUBBE 1982)

Dafür wird bei dem Vorgang eine Analdrüse ausgestülpt, von der aus ein Sekret den Harn und damit die Spritzstelle besprüht (SCHMIDT 2001). Ähnliche Beobachtungen wurden auch bei Kleinen Mungos *Herpestes javanicus* gemacht (WEBER 2011). Die-

ses Verhalten dient hauptsächlich als intraspezifischer Wettbewerb um ein Territorium.
Mit zunehmender Bockpräsenz in einem Gebiet steigt auch die Markierungsrate an. Dies schlägt sich im Herbst und Winter ganz besonders auf die Fitness der Tiere nieder, so dass es bei zu hoher Dichte zu vermehrter Mortalität kommen kann, da die Markierungen die Fettreserven stark aufzehren. Der Sinn solcher ausgeprägten Markierungen liegt in der Vermeidung der direkten Auseinandersetzung der männlichen Kontrahenten, die sonst zu erheblichen Verletzungen und schadhaftem Stress führen kann. Dieses Markierungsverhalten zur Vermeidung von Auseinandersetzungen ist auch von anderen Säugetieren wie etwa der Thomson Gazelle, *Gazella thomsonii*, bekannt. Der potenzielle Eindringling kann so anhand der Markierung erkennen, dass ein Betreten des Territoriums mit erhöhten Risiken einhergeht. Ein weiterer Nutzen der Markierung bezieht sich auf die Metzen. Es kann bisher nicht ausgeschlossen werden, dass die Markierungen es dem Metzen ermöglichen, territoriale Böcke zu identifizieren, wie dies etwa bei *Oryctolagus cuniculus* der Fall ist (GOSLING & WRIGHT 1994).

Da es sich bei Nutrias natürlicherweise um dämmerungsaktive Tiere handelt, besitzen sie ein ausgeprägtes Lautrepertoire. Es kann mit dem von Biber und Wasserspitzmaus verglichen werden. Im Vergleich zu den nächsten Verwandten, den *Capromyidae* und den *Echimyidae*, ist die Lautäußerung bei Nutrias wesentlich vielfältiger. Sie umfasst zwölf strukturell unterscheidbare Laute, sowie mehrere juvenile Laute. Sie können in Aggressiv-, Misch-, Defensiv- und Kontaktlaute unterteilt werden. Hervorgerufen werden diese Töne etwa durch Zähnewetzen, Knurren, Quietschen, Fauchen oder Brummen. Diese Laute haben ethologisch unterschiedlich wichtige Bedeutungen. Meist dienen sie zur agonistischen Interaktion (SCHÜRG-BAUMGÄRTNER 1990).

Typisch für Nutriapopulationen mit heranwachsenden Böcken sind Rangordnungskämpfe, da eine lineare Rangordnung vorherrscht. Beide Böcke sitzen sich zunächst gegenüber und geben unterschiedlichste Laute von sich. Schließlich kommt es dann zum Kampf, wobei sich beide aufrichten und die Incisivi ineinander verhaken. Der Unterlegene flieht letztendlich und verlässt das Revier (MÄNNCHEN 2009). Nutriaböcke neigen tendenziell mehr zur Abwanderung aus Gebieten als Metzen, welche normalerweise länger in einem Revier bleiben.

Die Aktionsradien einzelner Nutrias und Nutriagruppen können sich überlappen und haben meist einen Radius von 200 m. Bei Nahrungsmittelknappheit kann dieser Radius bis auf einige Kilometer ausgeweitet werden (STUBBE ET AL. 2009). Auch der spezifische Standort bestimmt den Aktionsradius. So wurden im Süden Louisianas USA, Gebiete mit 60 ha Größe und mehr als Aktions- und Lebensraum nachgewiesen. Im Vergleich zwischen Böcken und Metzen besitzen die Böcke generell ein größeres Revier. Allgemein lassen kleine Reviere auf das Vorhandensein von genügend Nahrung schließen.

Interessanterweise hat die Populationsdichte nicht zwangsläufig etwas mit der Reviergröße zu tun, da auch viele Tiere auf relativ engem Raum zusammen leben können und wenige Tiere in großen Revieren. Verschiedene Untersuchungen zeigen, dass die Populationsdichte im Minimum zwischen 1,3 ha^{-1} und 6,5 ha^{-1} Nutrias schwanken kann und im Maximum zwischen 21,4 ha^{-1} und 24,7 ha^{-1} liegt (DONCASTER & MICOL 1989). An Fließgewässern kann die Reviergröße ebenfalls stark variieren, je nachdem, ob es sich um ein Revier in urbanem Raum handelt oder außerhalb. Die Größe, bezogen auf die Gewässerlänge, liegt innerorts zwischen 150 und 1030 m und außerorts zwischen 300 und 750 m (MEYER 2001). Flächig gesehen zeigen Beobachtungen aus Louisiana, dass die durchschnittliche Reviergröße bei 28,8 ha liegt. Vergleichende Untersuchungen aus ihrem Ursprungsgebiet in Südamerika fehlen leider (NOLFO-CLEMENTS 2009).

Die durchschnittlichen Distanzen, die Nutrias am Tag zurücklegen, sind jahreszeitenabhängig (vgl. Abb. 14).

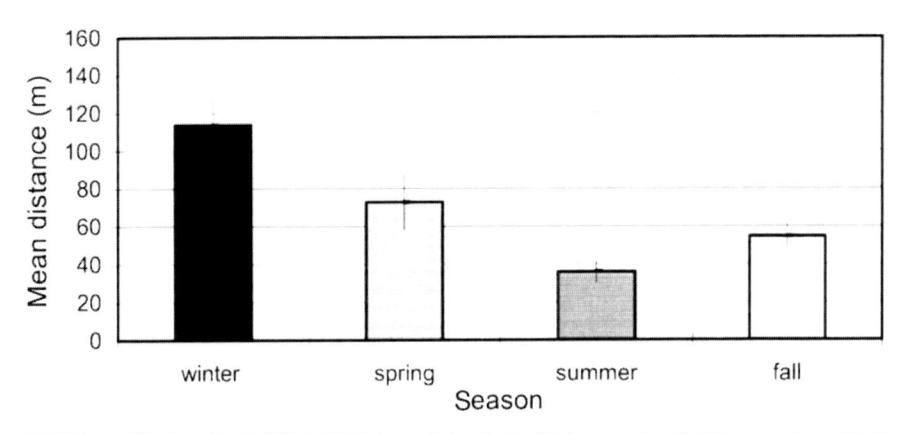

Abbildung 14: Durchschnittlich täglich zurückgelegte Distanzen der Nutria zu unterschiedlichen Jahreszeiten in Louisiana, USA (aus NOLFO-CLEMENTS 2009)

Diese Untersuchungsergebnisse stammen aus Louisiana und belegen, dass die Tiere recht standorttreu sind und bis auf wenige Ausnahmen keine großen Distanzen zurücklegen. Dies deckt sich mit den Beobachtungen aus Argentinien, über die zurückgelegten Entfernungen zur Nahrungsaufnahme weg vom Gewässer (vgl. Abb. 9, S. 27). Die Untersuchungsergebnisse in Louisiana zeigen eine große zurückgelegte Distanz im Winter, die mit der meist schlechteren Nahrungssituation zu dieser Jahreszeit zu tun hat. Auf der anderen Seite verringert sich die Distanz im Sommer um fast das Dreifache: Während sich die Tiere im Winter durchschnittlich 113 m vom Bau entfernen, waren es im Sommer nur 36 m. Für Frankreich und Italien konnten diese Beobachtungen jedoch nicht belegt werden und in Deutschland fehlen solche Daten vollständig (NOLFO-CLEMENTS 2009).

Die Besiedlungsdichte ist abhängig vom Nahrungsangebot am Gewässer, dem Zuwanderungsdruck von benachbarten Gewässern, der Fließgeschwindigkeit, der Uferbeschaffenheit und von Störfaktoren. Allerdings ändert sich der Einfluss der Faktoren zur Besiedlung im Laufe der Jahreszeiten (KINZELBACH 2001). Der Wasserstand hat entgegen vielfacher Vermutungen nichts mit der Populationsdichte zu tun, da Nutrias hier sehr variabel auf die unterschiedlichen Stände reagieren können (MARINI ET AL. 2011).

Ob man nun paarweise lebende Tiere, kleinere Gruppen oder ganze zusammenlebende Kolonien in freier Wildbahn vorfindet, hängt von äußeren Umwelteinflüssen und Habitatstrukturen ab. Wie oben schon angedeutet, sind große Kolonien mit einer komplexen hierarchischen Struktur typisch für ihr Ursprungsgebiet in Südamerika, während in Europa meist nur kleine und lockere Gruppen anzutreffen sind (vgl. Abb. 15; BIELA 2008).

Abbildung 15: Gruppe von Nutrias in einem Park bei Mörfelden, Hessen (von WWW.NATURGUCKER.DE)

Urbane Populationen weisen häufig ein differenziertes Verhalten gegenüber wildlebenden Gruppen auf. So sind Nutrias in urbanen Gebieten eher nachmittags aktiv, sind weniger scheu und suchen gezielt die Nähe vom Menschen, um diesen mit Lautäußerungen um Futter anzubetteln (STADT PFORZHEIM AMT FÜR UMWELTSCHUTZ 2011). Auch verhalten sich die Tiere dann in Gegenwart des Menschen bewusst auffällig und schnüffeln in dessen Richtung (vgl. Abb. 16; HEIDECKE ET AL. 2001).

Abbildung 16: Bettelnde Nutria bei Mörfelden, Hessen (von WWW.NATURGUCKER.DE)

Das Futter, das sie dann häufig bekommen, ist meist nicht typisch für Nutrias, sondern eher für Menschen. So verschmähen sie auch Brötchen, Pommes, Kuchen, Wurst oder Koteletts nicht. Das Nahrungsangebot ist stellenweise so reichlich, dass im Sommer selten eine selbstständige Nahrungssuche auftritt. Vielerorts wird auch beobachtet, dass Nutrias rege an Entenfütterungen teilnehmen (BRAINICH 2008; STADT PFORZHEIM AMT FÜR UMWELTSCHUTZ 2011; WIEGEL ET AL. 2011). Nutrias können ein Alter von über zehn Jahren erreichen, was aber in freier Wildbahn meist deutlich unterschritten wird, wo die durchschnittliche Lebenserwartung bei drei Jahren liegt (MARTINO ET AL. 2008). 80% der Tiere sterben im ersten Lebensjahr. Gerade einmal knapp über 15% der Tiere in freier Wildbahn sind älter als drei Jahre (NOLFO-CLEMENTS 2009). Die Haupttodesursache, zumindest in Südamerika, ist Prädation (MARTINO ET AL. 2008). Hier werden sie neben verwilderten Hunden und Hauskatzen von Pumas, Mähnenwölfen, Kaimanen, Jaguaren, Adlern und Geiern gejagt. Da in Europa viele potenzielle Prädatoren fehlen, spielt diese Todesursache hier meist nur eine untergeordnete Rolle. Besonders Jungtiere können hier von Füchsen und Greifvögeln, seltener von Mardern erbeutet werden (WENZEL 1990; KINZELBACH 2001; BERTOLINO ET AL. 2012). Hunde werden auch in Deutschland manchmal zu einer Bedrohung für die Tiere, doch in urbanen Räumen, wie etwa in Cottbus, stellt es sich meist sogar umgekehrt dar. So wurde mehrfach von Angriffen aggressiver Nutrias auf Hunde berichtet und sogar auf deren Halter (WALTHER ET AL. 2011). In Europa ist davon auszugehen, dass die Haupttodesursache Erfrierung im Winter, Bejagung und Verkehrsunfälle sind. Zweithäufigste Ursache ist Hungertod, gefolgt von Infektionskrankheiten und Vergiftungen. Die Todesfälle durch Verkehrsunfälle sind vor allem in den kalten Jahreszeiten hoch, da hier die zurückgelegten Distanzen der Nutrias höher sind (MARTINO ET AL. 2008).

5. Verbreitung

Myocastor coypus kommt heute in Nordamerika, Südamerika, Europa, Zentral- und Nordasien, Japan, Ostafrika und im Nahen Osten vor (BERTOLINO 2011 in NENTWIG 2011). Die IUCN berichtet von Vorkommen in insgesamt 22 Ländern (BARRAT ET AL. 2010). Die größten Populationen in Europa leben in Deutschland, Frankreich und Italien. Diese Vorkommen gehen auf ausgesetzte oder entwichene Farmtiere zurück. Seit Ende der 1970er Jahr erfolgte eine kontinuierliche Ausbreitung. Zwar kommt es immer wieder zu wetterbedingten Einbrüchen einiger Populationen, jedoch kann die Nutria Verluste aus strengen Wintern durch ihre hohe Reproduktionsrate wieder ausgleichen. Die Ausbreitung wird auch begünstigt durch die Vielzahl von verbundenen Wasserläufen und die recht flexible Nahrungsaufnahme. Die Nutria hat auch in Deutschland gezeigt, dass sie sich an verschiedenste Umweltbedingungen anpassen kann (GOCCHI & RIGA 2008; BERTOLINO 2011 in NENTWIG 2011; BERTOLINO ET AL. 2012).

Im vorliegenden Kapitel soll aufgezeigt werden, wie sich die derzeitige Verbreitung der Nutria, nach erfolgreicher Einwanderung und Ausbreitung, in Deutschland und Europa, so wie in anderen Ländern auf der Welt darstellt.

5.1. Ausbreitung der Nutria

Bis auf die erwähnten unbedeutenden Zuchtversuche, wurden Nutrias im 19. Jahrhundert noch nicht erwerbsmäßig gezüchtet, jedoch waren sie in der zweiten Hälfte des Jahrhunderts schon in sämtlichen relevanten europäischen zoologischen Gärten anzutreffen, wie z.B. in London oder Basel. Man hatte dort auch meist Erfolg mit Nachzucht. Probleme mit der Akklimatisation von Nutrias in Europa sind also schon seit Ende des 19. Jahrhundert bekannt und konnten für die spätere Farmhaltung berücksichtig werden. Bereits zu dieser Zeit wurde von einigen Beobachtern empfohlen, Nutrias als Haustiere zu halten und diese in kleineren Kolonien auszusetzen, um die heimische Fauna zu bereichern. HAGMANN (1890) in KLAPPERSTÜCK (2004) gibt an, dass die ausgesetzten Nutrias genug Nahrung finden würden und keinen Schaden an der Landwirtschaft ausüben würden, ohne dies genauer untersucht zu haben (KLAPPERSTÜCK 2004).

Die Empfehlung mancher für ein bewusstes Aussetzen wurde speziell in Frankreich 1880/90 von den Nutrias durch erfolgreiche Ausbrüche selbständig unternommen (BERTOLINO 2011 in NENTWIG 2011). Hauptsächlich in der Camargue in Südfrankreich wurden die Tiere freigelassen, um Fischteiche von zu großem Pflanzenbewuchs zu befreien. Wie so oft konnte bereits nach kürzester Zeit die Populationsgröße nicht mehr kontrolliert werden (ZAHNER 2004). In Südfrankreich existierten zu Beginn des 20. Jahrhunderts bereits einige Pelzfarmen, während die erste Farm in Deutschland erst 1926 von KIRNER gegründet wurde. Von diesem Zeitpunkt an wurden immer wieder auch Nutrias in freier Wildbahn gemeldet (BERTOLINO 2011 in NENTWIG 2011). In Baden-Württemberg ist beispielsweise davon auszugehen, dass die Nutria bereits seit 1963 beständig in freier Wildbahn vorkommt (ELLIGER 1997), wobei sie bereits Ende des 19. Jahrhunderts dort vereinzelt an der Grenze zu Frankreich gesichtet wurde (KINZELBACH 2001). Grundsätzlich ist anzunehmen, dass überall dort, wo es Nutriafarmen in Europa gab, auch immer wieder einzelne oder mehrere Tiere ausgebrochen sind (STUBBE 1992).

Die erfolgreiche Ausbreitung in Deutschland begann zaghaft vor und nach dem 2. Weltkrieg, mit meist nur temporären Populationen an der Siegmündung bei Bonn, am Krickenbecker See bei Hinsbeck am Niederrhein und in Meiersberg im Kreis Düsseldorf-Mettmann. Nach Kriegsende gründeten entkommene Nutrias an der Rur bei Randerath und Hilfarth bei Aachen mehrere temporäre Kolonien (DVWK 1997), sowie im Raum Leipzig an der Weißen Elster (ARNOLD 2011). 1960 wurden die ersten Tiere am Neckar gesichtet.

Ein erstes perennierendes Vorkommen etablierte sich nach dem Krieg an beiden Ufern des Oberrheins zwischen Karlsruhe und Mannheim. Diese Tiere waren aus Farmen in Rheinland-Pfalz und dem Elsass entkommen (DVWK 1997). Von dort aus gelangten überhaupt die ersten freilebenden Nutrias nach Deutschland (ZAHNER 2004). Auch in Rheinland-Pfalz konnten bereits 1953 erste Nutriavorkommen nachgewiesen werden (BETTAG 1988). 1961 soll es in Rheinland-Pfalz etwa 455 freilebende Nutriafamilien gegeben haben. Zu ersten Freilandsichtungen kam es außerdem im Kreis Fritzlar-Homberg, an der Lahn bei Diez, an der Weser bei Bad Karlshafen und an der Fulda im Kreis Fulda. Weitere Einzelnachweise erfolgten in Aschaffenburg, Euskirchen, am Laacher See, Göppingen und an den Altwässern der Lippemündung (ELLIGER 1997).

Ab 1990 kam es dann, durch die Schließung vieler unrentabler Nutriafarmen, zu einer enormen Verstärkung der Freilandpopulationen. Auf Grund von verstärkten Anti-Pelz-Kampagnen brach der Weltmarktpreis zusammen und so rentierte sich der weitere Betrieb für viele Unternehmen nicht mehr. Während 1981 ein Pelz noch 8,20 $

wert war, lag er 1993 nur noch bei 2,50 $. Die Farmtiere wurden oft aus Frustration illegal freigelassen (DVWK 1997).

In der ehemaligen DDR scheiterten zu Beginn der 1960er wiederholt Einbürgerungsversuche in die Wildnis, zur Faunabereicherung, wegen zu geringer Nutriazahlen oder suboptimalen Lebensbedingungen. Später wurden wild lebende Populationen dort sogar rigoros bekämpft. In der damaligen BRD konnten sich Mitte des 20. Jahrhunderts größere Populationen in der Oberrheinebene, im Ruhrgebiet und an der Rur etablieren (STUBBE ET AL. 2009). Kurz vor der Wende konnten in Brandenburg relativ häufig Nutrias festgestellt werden, die sich zur damaligen Zeit jedoch nie dauerhaft etablieren konnten (DOLCH & TEUBNER 2001). Beobachtungen gab es auch in Thüringen vor der Wende bereits 1970, beispielsweise bei Stadtroda, Erfurt, Gotha und an der Werra (STUBBE 1992; KLEIN 2007). Auch in Mecklenburg-Vorpommern, Sachsen-Anhalt und Sachsen konnten in den 1970er und 1980er Jahren zahlreiche Freilandfunde belegt werden (vgl. Abb. 17; STUBBE 1992). Mit Auflösung der DDR kam es zu massiven, oft unkontrollierten illegalen Freisetzungen von Nutrias aus den Farmen. Die Tiere konnten sich daraufhin an Elbe, Neiße, Saale, Havel, Spree und Oder etablieren (STUBBE 1992; STUBBE ET AL. 2009). In Brandenburg konnten sie sich dann speziell im Süden etablieren, wo sie häufig in urbanen Siedlungen anzutreffen sind, wie z.B. in Cottbus (WALTHER ET AL. 2011). Zur weiteren Ausbreitung trug die häufige Zufütterung durch die Bevölkerung bei, sowie die ufernahe Landwirtschaft, die oft als Nahrung dient (STUBBE ET AL. 2009).

Im Osten Deutschlands hatten sich die Populationsstrukturen zwischen 1994 und 1996 innerhalb optimaler Habitate[4] soweit gefestigt, dass nun auch suboptimale Strukturen[5] besiedelt wurden. Es folgte von da an eine stetige Ausbreitung entlang der Elbe und ihrer Zuflüsse Richtung Westen (HEIDECKE ET AL. 2001). Milde Winter zwischen 1990 und 1995 sorgten für eine starke Ausweitung der Nutriabestände u.a. in Nordwestdeutschland im Kreis Steinfurt, Kreis Osnabrück, im Emszuflussgebiet der Großen Aa und der Speller Aa, sowie am Ödingberger Bach und am Remseder Bach (PELZ ET AL. 1997). Um die Ausbreitung der Nutria in Deutschland besser nachvollziehen zu können, wurden die aus Literaturangaben nachgewiesenen Fundpunkte der Tiere von ca. 1880 bis etwa 1995 auf einer Karte grob dargestellt (vgl. Abb. 17).

---

[4] Nicht ausgebaute, naturnahe Ufer (HEIDECKE ET AL. 2001)
[5] Mit Faschinen verbautes Ufer und geschotterte Ufer (HEIDECKE ET AL. 2001)

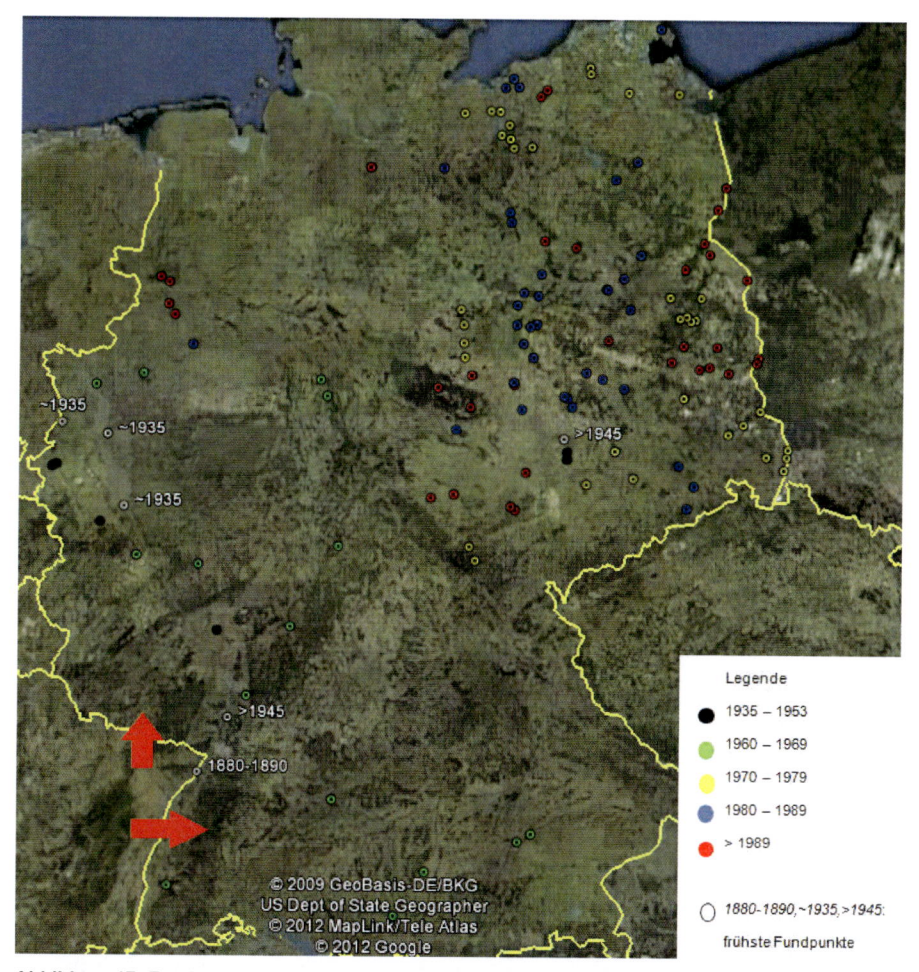

Abbildung 17: Fundpunkte der Nutria in Deutschland ab etwa 1935. Die roten Pfeile deuten eine Einwanderung aus dem Elsass an (eigene Abbildung; Bettag 1988; Stubbe 1992; Pelz et al. 1997; Elliger 1997; DVWK 1997; Heidecke et al. 2001; Kinzelbach 2001; Dolch & Teubner 2001; Zahner 2004; Klein 2007; Biela 2008; Stubbe et al. 2009; Johanshon 2011; Bertolino 2011 in Nentwig 2011; Arnold 2011; Walther et al. 2011).

Zur besseren Übersicht wurden Fundpunkte aus verschiedenen Zeitabschnitten unterschiedlich gefärbt. Auffallend ist die Vielzahl an Punkten in Ostdeutschland, die auf die Großzahl von Fellfarmen zurückgeführt werden kann. Die Ausbreitungs- beziehungsweise Fundpunkte decken sich zu großen Teilen mit den Nachweisen aus Abbildung 20 (S. 51).

In Frankreich wurden Nutrias wahrscheinlich schon seit 1880 gezüchtet und ab 1930 dann professionell landesweit. In vielen Teilen des Landes wurden häufig entkommene Tiere gesichtet, die sich in der freien Wildbahn etablierten. Zwischen 1930 und 1960 gab es in 65 der 101 französischen Departements Nutriafarmen. Nur die wenigsten Fälle von entwichenen Tieren wurden veröffentlicht oder an Behörden weiter gegeben. Doch selbst die gemeldeten Fälle waren schon so zahlreich und über das ganze Land verteilt, dass später sehr viele Freilandbeobachtungen gemeldet werden konnten, wie etwa in Robecq, an der Seinemündung, in Evreux, verstreut in den Departementes Orne und Mayenne, nordöstlich von Orleans, zwischen Amiens und Péronne, große Kolonien an der Grenze von Aube und Marne und in der Normandie. Der 1952 entdeckte Bestand zwischen dem Wald von Hagenau und dem Rhein wird als Ursprung für den heutigen Bestand in der Südpfalz angenommen (KINZELBACH 2001).

In Italien kommen Nutrias seit Ende der 1950er Jahre frei lebend vor. Sie etablierten sich zwischen 1960 und 1970, während sie bereits 1928 zu Zuchtzwecken eingeführt wurden (PRIGIONI ET AL. 2005; COCCHI & RIGA 2008). Die ersten frei lebenden Individuen in Spanien wurden 1970 an der nördlichen atlantischen Region gesichtet (SALSAMENDI ET AL. 2009).

In Nordamerika wurden erstmals 1899 Nutrias zu Zuchtzwecken in Kalifornien eingeführt. Erst 1930 wurde diese Arbeit jedoch intensiviert. Vielfach entkamen die Tiere oder wurden illegal freigelassen. Seit dieser Zeit konnten sie sich in mittlerweile 15 US-Bundesstaaten etablieren, besonders in Louisiana, wo sie noch heute eine wichtige Ressource für die Fellindustrie darstellen (WITMER ET AL. 2008). Hier konnten sie In den 1930er und 1940er Jahren jedoch massenhaft entkommen, wodurch sie sich besonders in Louisiana weit verbreitet haben. Schätzungen zufolge wurde ihr dortiger Bestand bereits 1950 mit 20 Mio. Tieren angegeben (CARTER ET AL. 1999).

In Großbritannien wurden Nutrias 1929 auf Fellfarmen eingeführt (BAKER 2006). In England und Schottland wurden bis zum Beginn des 2. Weltkrieges 51 Farmen gegründet. Bis 1945 wurden an 62 Stellen entlaufene Nutrias gemeldet. Daraufhin konnten sich nach dem Krieg großflächig feste Kolonien im Süden von Norfolk, an den Flüssen Yare, Wensum und Tas etablieren, sowie an der Themse im südlichen Buckinghamshire und in Suffolk (KINZELBACH 2001).

In China wurden Nutrias erst 1953 im Nordosten des Landes in Zoos eingeführt. Später wurden sie auf Fellfarmen vor allem im Süden gezüchtet (XU ET AL. 2006). In der Türkei gab es seit 1941 an der Mündung des Karasu in den Aras zahlreiche Sichtungen. 1968 wurde dann eine freilebende Population bei Aralik am Aras bekannt.

Auch konnten Vorkommen am kleinen und großen Ararat nachgewiesen werden. Sehr wahrscheinlich ging die Besiedlung von Transkaukasien aus (KINZELBACH 2001). Die ersten Vorkommen im europäischen Teil der Türkei wurden 1984 gemeldet, an den Flüssen Tunca und Meriç (ÖZKAN 1999).

In der ehemaligen Sowjetunion wurden die Tiere bewusst im Freiland angesiedelt, um sie jagdbar zu machen. Diese Versuche scheiterten jedoch in großen Teilen des Landes, auf Grund der extremen Fröste im Winter. So wurden dann seit 1926 Nutrias in Turkestan, im Flusstal des Kuban, im westlichen Georgien, ab 1931 dann in Aserbaidschan an der Kura und später auch in Armenien erfolgreicher angesiedelt. Speziell im Kaukasus entwickelten sich die Populationen zufriedenstellend (KLAPPERSTÜCK 2004). So wurden 1948 in Aserbaidschan von ursprünglich 50 ausgesetzten Tieren bereits 4.500 und in Armenien 5.000 erlegt (BETTAG 1988).

Nach Japan wurden ab 1931 Nutrias aus Deutschland für Pelztierzuchten exportiert. Aus den Farmen entkamen einige Tiere, die ab 1949 eine Freilandpopulation südlich von Okayama gründeten und sich dann weiter ausbreiteten (KLAPPERSTÜCK 2004; EGUSA & SAKATA 2009).

Nach Kenia wurden die Tiere im Zuge von Fellfarmen 1950 eingeführt. Um 1965 herum konnten viel Nutrias entkommen und sich u.a. im und um den Naivashasee etablieren. In den 1970er Jahren kam es zu erheblichen Vermehrungen der wildlebenden Populationen (GHERARDI ET AL. 2011).

In Tabelle 2 ist eine Übersicht über die Länder zu sehen, in denen Nutrias eingeführt wurden und noch aktuell vorkommen. Die Länder sind alphabetisch geordnet, eingeteilt nach Kontinenten und wenn bekannt, ist das Datum der Einführung angegeben, sowie die Form, in der die Nutria in die freie Wildbahn gelangte.

Tabelle 2: Übersicht der Länder, in die die Nutria eingeführt wurde, mit Datum und Ursache für frei lebende Populationen (verändert nach CARTER & LEONARD 2002)

Region/Land	Datum der Einführung	Ursache für wild lebende Populationen
Europa		
Belgien	1930er	ausgebrochen
Bulgarien	unbekannt	unbekannt
Frankreich	1882	ausgebrochen
Griechenland	vor 1948	ausgebrochen

Italien	1928	ausgebrochen
Niederlande	1930	ausgebrochen
Österreich	1935	ausgebrochen
Polen	unbekannt	ausgebrochen
Rumänien	unbekannt	unbekannt
Schweiz	nach 1967	unbekannt
Tschechien und Slowakei	vor 1950	ausgebrochen
Ungarn	unbekannt	ausgebrochen
Ehem. Jugoslawien	vor 1967	ausgebrochen
Asien		
Armenien	1940	ausgesetzt
Aserbaidschan	1930-1932	ausgesetzt
China	1960	ausgebrochen
Georgien	1930-1932	ausgesetzt
Israel	1948-1966	ausgebrochen
Japan	1910	ausgebrochen
Russland	1926	ausgesetzt
Süd-Korea	unbekannt	unbekannt
Tadschikistan	1949	ausgesetzt
Türkei	vor 1984	ausgesetzt
Turkmenistan	1930 und 1932	ausgesetzt
Nordamerika		
Kanada	nach 1927	ausgebrochen
Mexiko	vor 1980	aus USA eingewandert
USA	1899-1940	ausgebrochen, ausgesetzt

5.2. Verbreitung in Deutschland

Zurzeit sind aus allen Bundesländern Nutria-Vorkommen bekannt (HEIDECKE ET AL. 2001). Die Verbreitungsschwerpunkte in Westdeutschland liegen am Oberrhein und seinen Zuflüssen in Baden-Württemberg und im Gebiet von Eifel-Ruhrgebiet-Niederrhein. Auch an der Rur und im Emsland finden sich Populationen von mehr als 100 Tieren, die kontinuierlich im Bestand zunehmen (HEIDECKE & RIECKMANN 1998). In kürzester Zeit stieg so etwa die Jagdstrecke im Emsland von 372 Tieren 2002 auf 3333 im Jagdjahr 2010 an (JOHANSHON 2011). Von den Verbreitungsschwerpunkten im Westen aus erfolgte eine kontinuierliche Ausbreitung ostwärts und nordwärts. Die Populationen in Brandenburg, Sachsen, Thüringen und Sachsen-Anhalt zeigen ebenfalls ein positives Wachstum (KINZELBACH 2001), wobei aktuellere Zahlen zumindest in Thüringen rückläufige Tendenzen erkennen lassen (KLEIN 2007).

Inzwischen ist der Mitteldeutsche Raum nahezu flächendeckend besiedelt und in Westdeutschland ist weiterhin mit erhöhten Fangzahlen zu rechnen, da sich dort die Nutria weiter ausbreitet. Diese Entwicklung zeigt sich teilweise auch anhand der Jagdstrecken der Nutrias für Gesamtdeutschland, die jedoch nur bedingt aussagekräftig sind (vgl. Abb. 18).

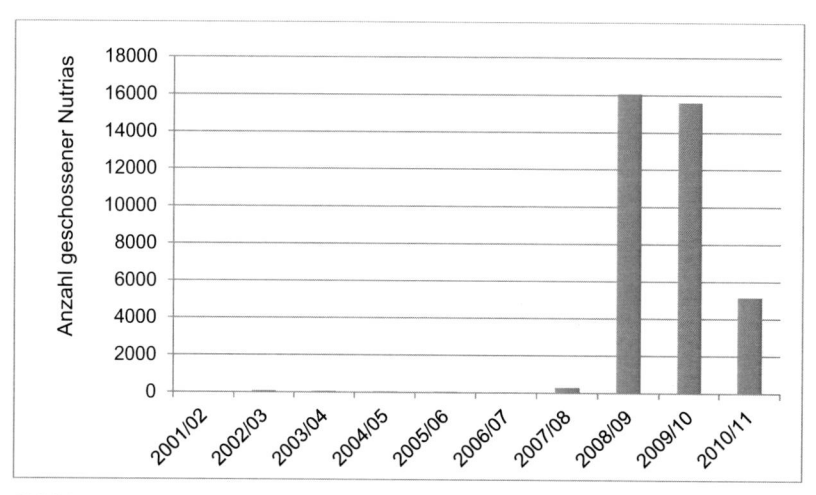

Abbildung 18: Jagdstrecke der Nutria für Deutschland im Zeitraum 2001 bis 2011 (eigene Abbildung; Zuständige Fachbehörden der Bundesländer 2011; s. Anhang)

Was man aus Abbildung 18 ableiten kann, ist der Zeitpunkt, ab dem die Nutria vermehrt in den Jagdfokus getreten ist, nämlich ab 2008/09. Vor dieser Zeit spielte die Nutria trotz Vorkommen keine wesentliche Rolle. Die Datenreihe im Jahr 2010/11 war bei Dateneingabe noch unvollständig und ist deshalb auf einem niedrigeren Niveau. Es ist aber davon auszugehen, dass die endgültige Anzahl der geschossenen Tiere 2010/11 im Bereich von 2008/09 und 2009/10 liegt.

Die unterschiedliche Handhabung der Nutriajagd in den einzelnen Bundesländern geht auch aus Abbildung 19 hervor.

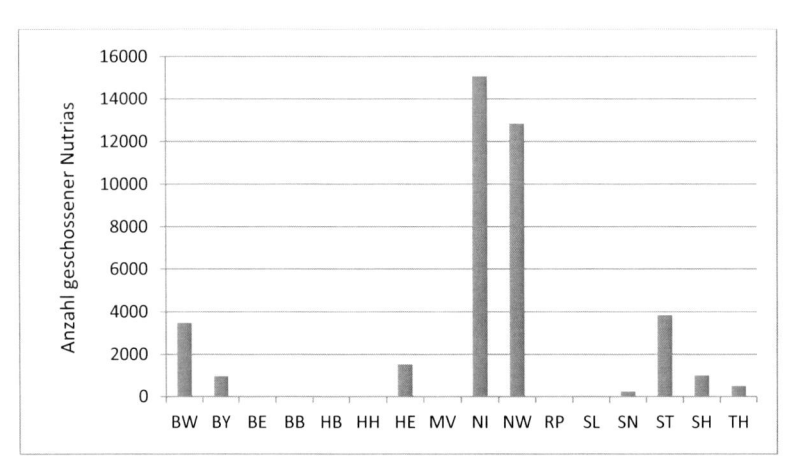

Abbildung 19: Jagdstrecken der Nutria in den einzelnen Bundesländern im Zeitraum 2000 bis 2011 (eigene Abbildung; Zuständige Fachbehörden der Bundesländer 2011; s. Anhang)

Hier sind die Jagdstrecken der Länder von 2000-2011 aufgelistet. Es fällt auf, dass der Großteil der Jagdstrecken auf Nordrhein-Westfalen und Niedersachsen fallen, was sich mit den Beobachtungen über die Verbreitungsschwerpunkte in Nordrhein-Westfalen und Niedersachsen deckt, sowie mit den Verbreitungspunkten in den Abbildungen 21 und 22 (S. 52 und 53). In den meisten anderen Bundesländern sind nur wenige bis gar keine Strecken entstanden. Lediglich in Baden-Württemberg und Sachsen-Anhalt gibt es noch nennenswerte Strecken.

In den nördlichen Bundesländern, sowie im nördlichen Teil von Niedersachsen, finden sich bisher nur sporadische Vorkommen, da die damaligen Farmen eher im Süden und in der Mitte von Deutschland lagen (STADT PFORZHEIM AMT FÜR UMWELTSCHUTZ 2011). Auch in Bayern finden sich bisher nur inselartige Vorkommen, etwa an den Ismaninger Speicherseen, an der Isarmündung in die Donau und isaraufwärts bis Dingolfing (ZAHNER 2004). Im Osten des Landes ist die Nutria weit verbreitet, was in den vielen Pelzfarmen der DDR begründet liegt (HEIDECKE & RIECKMANN 1998). Es gab dort 1977 mehr als 1.600 organisierte Nutria-Züchter die einen Bestand von gut 134.000 Tieren hatten (ARNOLD 2011). Allerdings sind die freien Vorkommen heute noch sehr voneinander abgrenzbar. Da in den neuen Bundesländern viele Tiere freigelassen wurden, bildeten sich starke Gründerpopulationen mit hoher Überlebenswahrscheinlichkeit (DOLCH & TEUBNER 2001). Besonders große Populationen sind im Gebiet der mittleren Elbe, an Saale und Mulde, im Spree- und Haveleinzugsgebiet, in und um Oranienburg, sowie an den Gewässern der Altmark zu verzeichnen (HEIDECKE & RIECKMANN 1998). Auch westlich von Leipzig bis nach Schkeuditz hat sich an der Weißen Elster ein relativ individuenreicher Nutriabestand gebildet (ARNOLD 2011).

In Rheinland-Pfalz beschränkt sich das Verbreitungsgebiet im Wesentlichen auf die Altrheinarme und Baggerseen zwischen Ludwigshafen und Karlsruhe. Diese Ansiedlung gelang durch erfolgreiche Ausbrüche aus Farmen, sowie illegale Aussetzungen (BETTAG 1988).

Zwar wurde früher vielfach von drastischen Populationseinbrüchen bei strengen Wintern in Deutschland berichtet, jedoch belegen neuere Beobachtungen, dass sich die Nutria trotz manch strenger Winter in Deutschland gut ausbreiten kann. Aufgrund dieser früheren Behauptungen gab es lange Zeit fast gar keine Bejagung von Nutrias in Deutschland, weshalb sie sich so gut ausbreiten konnten (STUBBE ET AL. 2009). Um die Beschreibungen darzustellen, bieten sich die folgenden Abbildungen an. Hier kann man vergleichend mit Abbildung 17 (S. 44) die Entwicklung der Nutriaverbreitung in Deutschland von 1974 bis 2009 nachvollziehen. Die Abbildungen 21 und 22 decken sich fast vollständig, wobei in Abbildung 21 Daten aus Brandenburg und Schleswig-Holstein fehlen. Vergleicht man alle Karten mit einander, so lässt sich ein klarer Trend zur fortschreitenden Ausbreitung erkennen. Auch hier kann man wieder die starke Ausbreitung der Nutria nach der Wende erkennen (vgl. Abb. 20).

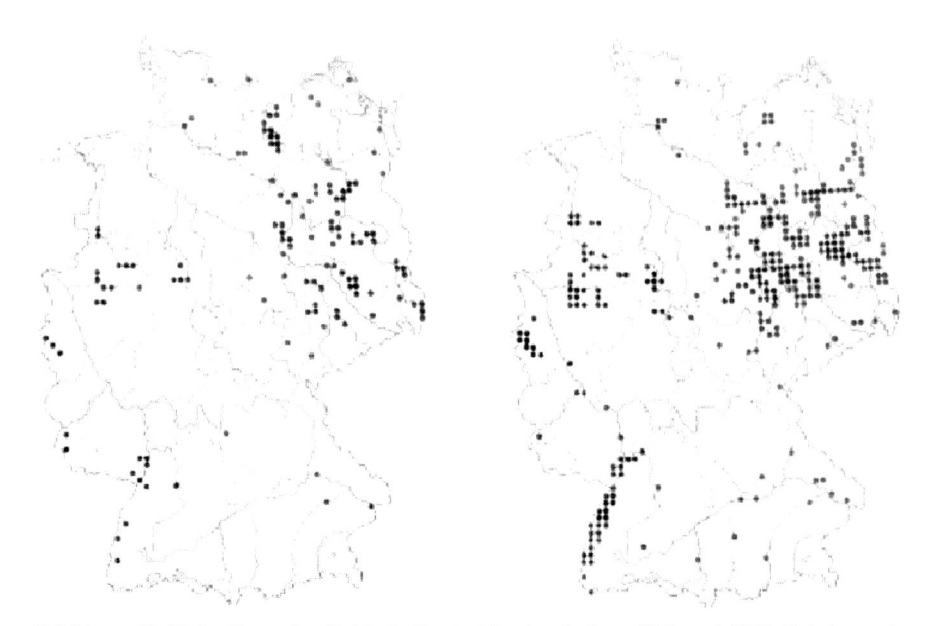

Abbildung 20: Verbreitung der Nutria in Deutschland zwischen 1974 und 1984 (links), sowie 1989 und 1996 (rechts). Kreise stellen Fundpunkte der Nutrias dar (aus DVWK 1997).

Die Verbreitungsschwerpunkte im südlichen Niedersachsen, Nordrhein-Westfalen und am Oberrhein werden gut sichtbar dargestellt, so wie es die Jagdstrecken bereits angegeben haben (vgl. Abb. 18 und 19, S. 48,49).

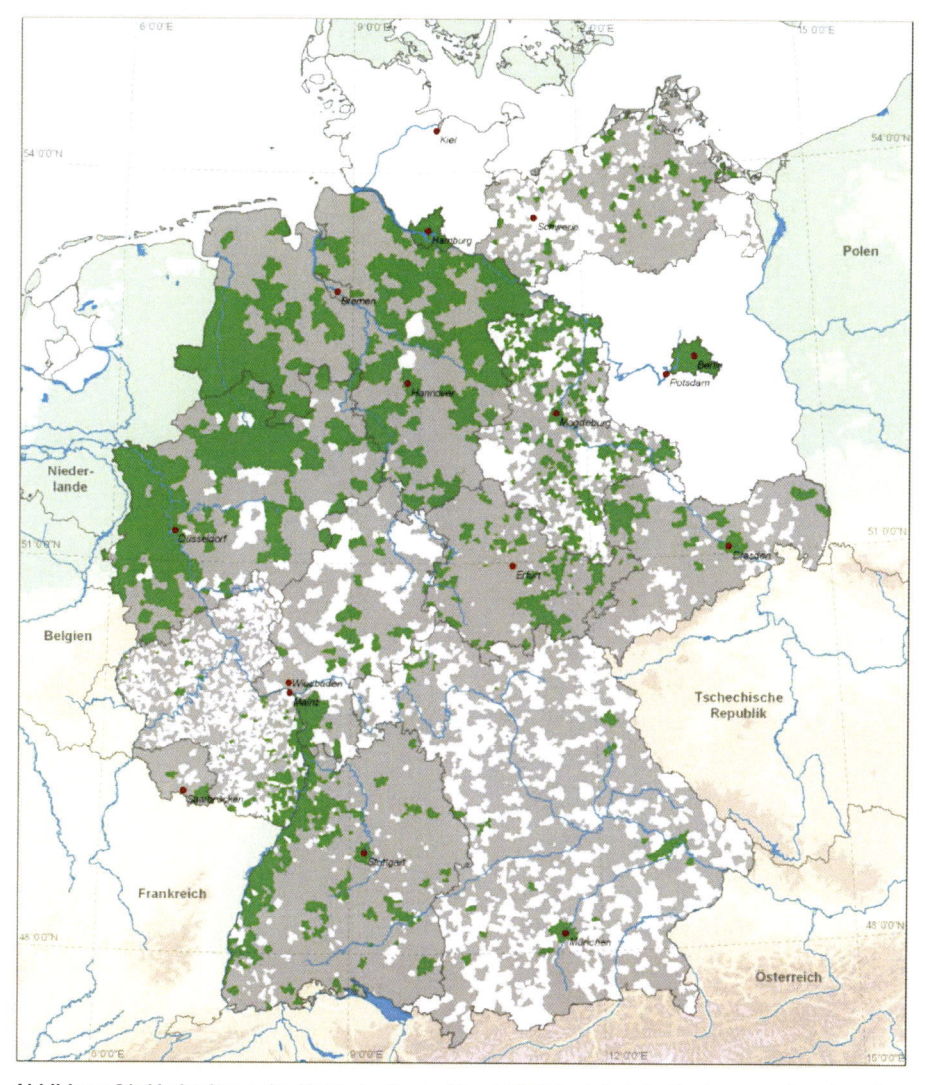

Abbildung 21: Verbreitung der Nutria in Deutschland 2006 (grün), kein Vorkommen (grau) und keine Daten (weiß) (aus BARTEL ET AL. 2007)

Unmissverständlich zu sehen sind auch hier und in der folgenden Abbildung die bereits beschriebenen Verbreitungslücken ganz im Norden des Landes, in Bayern und in Rheinland-Pfalz (vgl. Abb. 21 und 22).

Abbildung 22: Verbreitung der Nutria in Deutschland (ausgefüllte Kreise aus HEIDECKE ET AL. 2001), ergänzt durch Angaben im Wildtier-Informationssystem des DJV (offene Kreise aus HEIDECKE 2009)

5.3. Internationale Verbreitung

Schweiz und Österreich

Es gab dort zwar einige Nutriahaltungen und auch Berichte über vereinzelte Flüchtlinge, jedoch haben sich bisher keine freilebenden Populationen etabliert (KINZELBACH 2001). Andere Autoren gehen jedoch von wildlebenden Populationen in Österreich und der Schweiz aus (MITCHELL-JONES ET AL. 1999).

Belgien und Niederlanden

Dort waren zunächst nur Einzelfänge bekannt, die jedoch nach der Schließung vieler Farmen stark zurückgingen. Dennoch werden häufig Tiere an der Alten Ijssel, an Swalm und Rur gefangen, die wahrscheinlich aus den deutschen Populationen stammen (KLAPPERSTÜCK 2004). Generell geht man für Belgien und die Niederlanden von einer Besiedelung und stetigen Einwanderung der Nutria von Deutschland aus. Die ersten vermehrten Sichtungen in Belgien erfolgten in den 1970er Jahren (VERBEYLEN 2002). Auch heute geht man davon aus, dass die Tiere in beiden Ländern häufig vorkommen (BIELA 2008). Dennoch sind die Populationen längst nicht so groß wie beispielsweise in Deutschland, Frankreich und Italien (VERBEYLEN 2002).

Frankreich

In den 1970er Jahren lag die geschätzte Größe der Nutriavorkommen in Südfrankreich bei 30.000 Tieren. Heute ist die Nutria in fast ganz Frankreich zu finden (BIELA 2008).

Skandinavien

In Dänemark und Norwegen wurden nach dem 2. Weltkrieg häufig Nutrias nachgewiesen, jedoch konnten sich bis heute keine dauerhaften Kolonien bilden (HEIDECKE & RIECKMANN 1998). Es gibt widersprüchliche Aussagen über potenziell erfolgreiche Ausrottungskampagnen in Dänemark. Manche Autoren behaupten, dass die Tiere in Dänemark noch vereinzelt vorkommen (LONG 2003 in SIMBERLOFF 2009).

Großbritannien

Nach drei Eindämmungskampagnen inklusive einer intensiven Ausrottungskampagne in den 1980er Jahren, gilt die Nutria seit 1989 in Großbritannien als ausgerottet (s. Kapitel 8.2.; KINZELBACH 2001).

Griechenland

Aus Griechenland existieren Nachweise von September 1966, wo freilaufende Tiere am Stymphalischen See gesichtet wurden (ELLIGER 1997). Die letzten Nachweise stammen von 1999 aus dem Norden des Landes (MITCHELL-JONES ET AL. 1999).

Türkei

In der Türkei existieren Vorkommen vor allem im Westen des Landes im europäischen Teil, wo die Bedingungen für Nutrias hervorragend sind (s. Kapitel 5.1.; S. 41). Sie gelten als die größten Vorkommen auf dem Balkan. Über die restlichen Balkanländer wie etwa dem ehemaligen Jugoslawien und Bulgarien existieren widersprüchliche und sehr ungenaue Angaben über Vorkommen der Nutria. Vielmals sind auch die Meldungen veraltet (ÖZKAN 1999). Andere Quellen, wie das Internet-Portal DAISIE, gehen davon aus, dass sich die Nutria in den Balkanländern Albanien, Bulgarien, Kroatien, Griechenland, Mazedonien, Serbien und Slowenien etabliert hat (WWW.EUROPE-ALIENS.ORG/). Auch MITCHELL-JONES ET AL. (1999) gehen davon aus, dass in Mazedonien, Albanien und Kroatien Nutrias wild vorkommen.

Spanien

Aktuelle Vorkommen in Spanien beziehen sich weitestgehend auf den nördlichen atlantischen Teil des Landes und das östliche Baskenland, welches das Einzugsgebiet des Ebro mit einschließt. Die Abundanzen dort sind allerdings längst nicht so hoch wie in Frankreich, Italien und Deutschland (SALSAMENDI ET AL. 2009).

Ukraine

Wenige Nachweise sind seit 1999 auch in der Ukraine gemacht worden (vgl. Abb. 23).

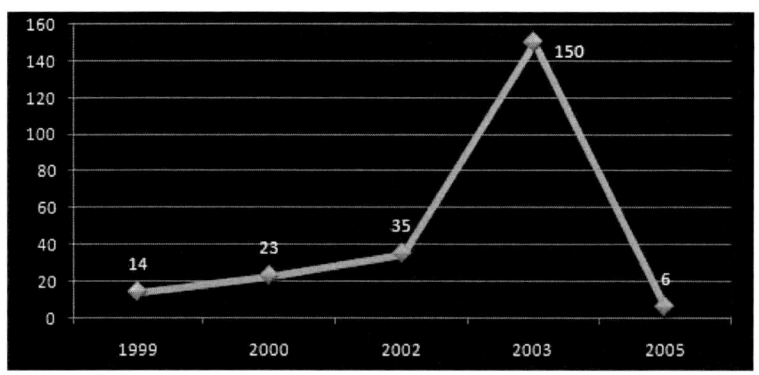

Abbildung 23: Nutriapopulation in der Ukraine. Angegeben sind die Jagdstrecken von 1999 bis 2005 (von WWW.BIOMON.ORG).

Nutrias kommen dort aufgrund von Fellfarmen höchstwahrscheinlich bereits länger vor. So gehen MURARIU & CHIŞAMERA (2004) davon aus, dass die ersten freilebenden Tiere in Rumänien von der ukrainischen Seite des Donau-Deltas kamen.

Rumänien

Erste Beobachtungen in freier Wildbahn wurden Anfang 1959 gemacht (MURARIU & CHIŞAMERA 2004). Heutige Vorkommen in Rumänien wurden an der Grenze zu Bulgarien nachgewiesen und entlang des Schwarzen Meeres (MITCHELL-JONES ET AL. 1999). Auch an einigen Abschnitten der Donau können Nutrias gefunden werden (MURARIU & CHIŞAMERA 2004).

Italien

Die Verbreitung der Nutrias erstreckt sich von der Lombardei im Norden des Landes bis nach Sizilien ganz im Süden. Große Vorkommen existieren auch in der Toskana (vgl. Abb. 24; DEUTZ 2001).

Abbildung 24: Verbreitung der Nutria in Italien (aus COCCHI & RIGA 1999 in PANZACCHI ET AL. 2006)

Mittlerweile kommen die Tiere fast im ganzen Land vor, bis auf einige Ausnahmen im Norden und Südosten (BIELA 2008).

Als nutriafrei gelten in Europa Fennoskandien, das Baltikum, Bosnien-Herzegowina, die Britischen Inseln, Island, Moldawien und Portugal (REGGIANI 1999). Besonders auffällig ist die flächendeckende Verbreitung in Frankreich und Italien, sowie das fast vollständige Fehlen der Art auf der Iberischen Halbinsel (vgl. Abb. 25).

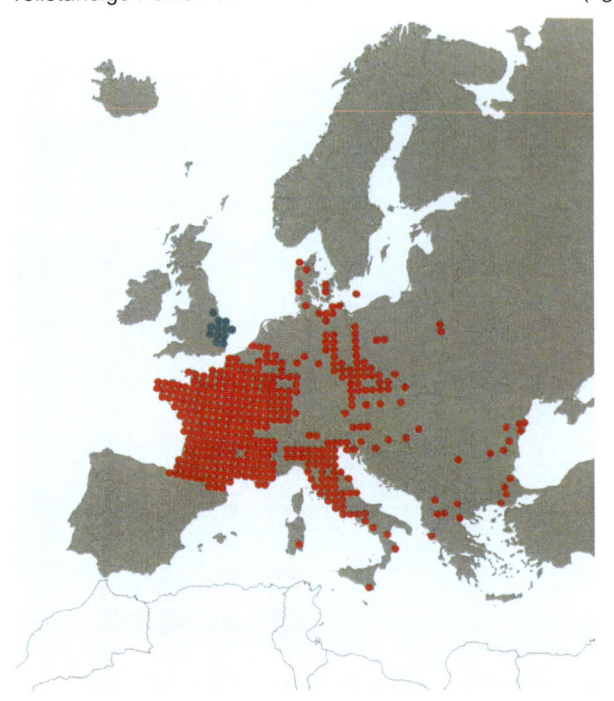

Abbildung 25: Verbreitung der Nutria in Europa. Grau-Blaue Kreise kennzeichnen Orte der Ausrottung (aus NENTWIG 2011).

Bei dieser Abbildung stellt sich die Verbreitung für Deutschland als zu grob heraus. Für eine Interpretation über die Verbreitung in Deutschland erweisen sich Abbildung 21 und 22 (S. 52 und 53) als genauer.

Nordamerika

Nutrias konnten im Laufe der Zeit flächendeckend große Teile im Süden und Nordwesten der USA besiedeln. Aktuell gibt es Vorkommen von Oregon und Washington bis nach Vancouver in British Columbia, Kanada. Im Süden streckt sich die Verbreitung von Florida, über Louisiana bis nach Texas, New Mexico, Oklahoma und über die Grenze nach Mexiko. Im Osten des Landes kommt sie in Arkansas, Kentucky,

Virginia und Maryland vor. Mittlerweile gibt es auch große Vorkommen auf Halifax und entlang des Flusses Ottawa nördlich der kanadischen Hauptstadt Ottawa. Ab 1997 wurden speziell in Louisiana und Texas schwere Schäden an Ufern, Dämmen und der Vegetation gemeldet, die aufgrund der übergroßen Anzahl der Tiere hervorgerufen wurden. In Louisiana wurde daraufhin eine 2,1 Mio. $ Kampagne gestartet, in der man versuchte auf die Bekömmlichkeit des Nutriafleisches hinzuweisen, um das Problem „wegzuessen" (vgl. Abb. 26; DEUTZ 2001).

Abbildung 26: Ertrag eines Jagdtages in Louisiana, USA (aus NENTWIG 2011)

In Kalifornien wurde erfolgreich eine Ausrottungskampagne durchgeführt, so dass die Nutria dort heute nicht mehr vorkommt (CARTER & LEONARD 2002).

Russland, Kaukasusregion und Naher Osten
Aktuelle Verbreitungszahlen- und nachweise aus diesen Ländern und Regionen fehlen, ebenso aus Israel, Kasachstan, Tadschikistan und Turkmenistan, wo allerdings Nutriavorkommen noch vor ein paar Jahren belegt wurden. Man geht jedoch besonders bei der Kaukasusregion davon aus, dass sich die Tiere etabliert haben (CARTER & LEONARD 2002). Auch für den europäischen Teil Russlands wird angegeben, dass sich die Nutria dort etabliert hat (WWW.EUROPE-ALIENS.ORG).

Japan
CARTER (2007) geht davon aus, dass die Nutria besonders im Raum Okayama mittlerweile heimisch ist. Andere Autoren belegten Vorkommen auch in der angrenzenden Nachbarpräfektur Hyogo in über 2.000 landwirtschaftlichen Gemeinschaften. Die

Nutria wird wegen ihrer starken Vermehrung dort mittlerweile als Plage angesehen (EGUSA & SAKATA 2009).

China & Thailand
In China und Thailand kommen Nutrias aktuell vor und gelten auch dort als Plage (CARTER & LEONARD 2002).

Afrika
Aus Ostafrika werden immer wieder nur generelle Nutriavorkommen gemeldet, genauere Einzelheiten sind bisher nicht bekannt (KLAPPERSTÜCK 2004). Nutrias wurden zwar in Kenia, Simbabwe, Botswana und Sambia eingeführt, doch gibt es heute keine Berichte über freilebende Populationen (CARTER & LEONARD 2002). Durch intensive Bejagung konnten viele Populationen z.B. in Kenia nahezu ausgerottet werden. Dennoch gibt es immer wieder Berichte über einzelne Nutriasichtungen (BROCK 2005 in GHERARDI ET AL. 2011).

Südamerika
Durch die andauernd hohe Nachfrage der Südamerikaner nach Nutriafellen zu Beginn des 20. Jahrhunderts in Verbindung mit rücksichtslosen Jagdmethoden, reduzierten sich die Wildbestände auf ein Minimum. Schließlich verabschiedete die argentinische Regierung 1950 ein Gesetz zum vollständigen Jagdverbot auf Nutrias. Die Bestände konnten sich daraufhin wieder einigermaßen stabilisieren (KLAPPERSTÜCK 2004). Heute kommt die Art zwar noch mehr oder weniger flächendeckend in Argentinien, Uruguay, Chile, Paraguay, Bolivien und Südbrasilien vor, jedoch nehmen die Bestände im natürlichen Areal wieder stark ab (COLARES ET AL. 2010).

6. Einfluss auf das Ökosystem

Etabliert sich eine neue Art in ein Ökosystem, so hat dies immer Auswirkungen auf dieses System. Denn die Arten leben dort in Wechselwirkung zueinander. Diese Auswirkungen können etwa Prädationsdruck auf Pflanzen oder Konkurrenz um Lebensräume sein. Dies kann unter Umständen zu Veränderungen des Ökosystems führen und zu negativen Folgen für Organismen. Negative Folgen können beispielsweise ein verzögertes Wachstum, eine generelle Verminderung der Populationsgröße oder eine Verkleinerung des Verbreitungsareals der Pflanze sein. Diese negativen Folgen können hier aber auch Vorteile für andere Arten bringen, die durch die Verdrängung einer Art durch die Nutria möglicherweise an die Stelle der wegfallenden Art treten können. Zu beachten sind auch Folgen auf die Fauna, z.B. durch Konkurrenz. Weiter kommt es auch zu Veränderungen von abiotischen Faktoren, wie etwa Wasserqualität und Lichteinfall (BIELA 2008). Die Verbreitung von Parasiten und Übertragung von Krankheiten stellt ebenfalls einen Einfluss auf die Biozönose dar, wird hier allerdings nur kurz und später ausführlicher in Kapitel 9 behandelt.

Manche Autoren propagieren einen nicht kalkulierbaren ökologischen Schaden an heimischen Biozönosen durch die Nutria (GEBHARDT 1996; KLEMANN 2001; KINZELBACH 2001). Auch wird in diesem Zusammenhang oft von „Erschöpfung heimischer Ressourcen" oder „Änderung von Habitaten" durch Neozoen gesprochen (GEBHARDT 1996). Behauptet wird auch, dass durch eine fehlende Adaptation der Nutrias kein Gleichgewicht der Biozönose entstehen könnte (KLEMANN 2001). Jedoch hat die Nutria in der ökologischen Gilde der herbivoren semiaquatischen Säugetiere in Europa zwischen Biber und Bisam eine freie Nische (HEIDECKE & RIECKMANN 1998), so dass es zumindest zum Biber keine Nahrungskonkurrenz gibt. Beobachtungen zum Verhalten von Nutrias gegenüber Bisams zeigen eine starke Aggressivität, was meist im Verdrängen der Bisams aus entsprechendem Gebiet endet (KINZELBACH 2001). Auch konkurrieren die beiden Tiere im Gegensatz zu Nutria und Biber vielerorts direkt um Nahrungsressourcen. Vielfach wird behauptet, dass dadurch die Bisambestände signifikant abgenommen hätten, wofür es jedoch bisher kaum Belege gibt (ZAHNER 2004). Mancherorts wurde allerdings berichtet, dass die Nutria durch ihr lautes Verhalten Fischotter und Biber verdrängen kann (KINZELBACH 2001). Dies wird beispielsweise für Vorfälle im Spreewald angenommen, wo die Nutria angeblich den Fischotter verdrängt. Dies konnte jedoch bisher nicht nachgewiesen werden (DOLCH & TEUBNER 2001).

In Niedersachsen sind die Nutriabestände aufgrund des Winters 2010/11 stark zurückgegangen und so konnte auch dort bisher nicht nachgewiesen werden, dass Nutrias autochthone Tierarten aus ihrem Lebensraum verdrängen würden (JOHANSHON 2011). Andererseits zeigen Beobachtungen vom unteren Isarabschnitt in Bayern, wo bereits Nutriapopulationen vorhanden waren, dass sich trotzdem Biber mit 18 Revieren dort etablieren konnten, ohne dass die Nutriapopulationen einbrechen würden oder der Biber wiederum zurückgedrängt würde (ZAHNER 2004).

Ein weiterer Einfluss der Nutrias auf das Ökosystem ist die akute Bedrohung der heimischen Tierarten durch Parasitosen. Dies liegt in der starken Salmonellendurchseuchung aus der Farmhaltung der Nutrias begründet. Zusätzlich können Trichinellose, Leptospirose, Kokzidiose und Rodentiose übertragen werden (s. Kapitel 9).

Vielerorts kann es durch den Einfluss der Nutria zur Verarmung der Flora kommen, etwa durch Abnahme des Rohrkolben oder der Gewöhnlichen Teichbinse (KINZELBACH 2001). Durch massives Ausgraben von Rhizomen der Gelben Schwertlilie *Iris pseudacorus* kam es in einem Altwasser bei Speyer zu einem fast vollständigen Rückgang der Pflanze innerhalb von nur vier Jahren (BETTAG 1988). Auch frisst die Nutria im Winter häufig Teichrosen-Rhizome und vernichtet hierbei oftmals die gesamte submerse Vegetation, meist jedoch nur im näheren Umkreis der Wohnröhre (SCHMIDT 2001). Es kann also zu erheblichen Auswirkungen auf Schwimm- und Ufervegetationen kommen, die nicht selten zur vollständigen Zerstörung von Schilfgürteln führen können (KRAFT & VAN DER SANT 2002).

Auch Auswirkungen auf abiotische Standortfaktoren wurden beobachtet. So kann es beispielsweise zu Veränderungen des Strahlungshaushaltes kommen, wenn ein Gebiet von Nutrias kahlgefressen wurde und nun viel mehr Licht auf den Boden gelangt als vorher. Dies kann sich u.a. auf die Bodenfeuchte auswirken und auch andere Faktoren beeinflussen (EBENHARD 1988 in BIELA 2008). Indem sich der Sauerstoffgehalt des Gewässers ändert, weil die Nutrias große Flächen der Überwasservegetation gefressen haben, wird somit auch die chemische Wasserqualität beeinflusst (EHRLICH 1969). Durch Grabaktivitäten hervorgerufene Erosionen können einerseits zu wirtschaftlichen Schäden führen und andererseits den Lebensraum verschiedener Pflanzen und Tierarten zerstören (JOJOLA ET AL. 2005; BERTOLINO ET AL. 2012).

Ein anderer bisher nur wenig untersuchter Faktor ist das passive Verschleppen von Arten durch die Nutria. Bei Untersuchungen wurde festgestellt, dass über das Fell von Nutrias viele Invertebraten von einem Gewässer in das nächste gelangen (vgl. Tabelle 3).

Tabelle 3: Liste von Invertebraten, die aus dem Fell von zehn wild lebenden Nutrias gewaschen wurden (aus WATERKEYN ET AL. 2010).

	Taxa	No. of individuals	% Occurence
Live organisms			
Cladocera	*Chydorus sphaericus* (O.F. Müller 1766)	478	90
	Alona guttata Sars 1862	144	50
	Alona rectangula Sars 1861	43	30
	Simocephalus exspinosus (Koch 1841)	3	10
	Ilyocryptus agilis (Kurz 1878)	1	10
Copepoda	Cyclopoida	47	80
Ostracoda	Unidentified	42	80
Rotifera (>64 μm)	*Euchlanis* sp.	360	30
	Lecane sp.	29	40
	Brachionus sp.	3	10
	Bdelloidea	10	10
Diptera	Chironomidae (Othocladiinae)	25	40
	Scyomizidae	1	10
Collembola	*Podura aquatica* (Linneaus 1758)	4	30
	Symphypleona	1	10
Annelida	Naididae	5	30
Nematoda	Unidentified	5	30
Viable propagules			
Cladocera	Chydoridae	7	20
Bryozoa	*Plumatella* sp.	21	60

In der Tabelle sind alle Invertebraten aufgelistet, die aus dem Fell von zehn wild lebenden Nutrias gewaschen wurden. Unter anderem sind dies *Copepoda*, *Diptera* und *Collembola*. Besonders bemerkenswert ist die Menge der Tiere, die von nur zehn Nutrias stammen, ganz besonders *Chydorus sphaericus*, eine Art der Wasserflöhe mit insgesamt 478 Exemplaren und *Euchlanis* spp. aus dem Stamm der Rädertierchen, mit insgesamt 360 Exemplaren. Schaut man sich nun noch das prozentuale Vorkommen der gefundenen Arten an, so fällt auf, dass *Copepoda* und *Ostracoda*, sowie wiederum *Chydorus sphaericus* in 80-90% der untersuchten Nutrias vorkamen. Für manche der verschleppten Arten bedeutet dies häufig eine Neuansiedelung in einem für sie fremden Gebiet. Weite Wanderungen und somit eine Verschleppung von Arten in gänzlich andere Lebensräume sind bei Nutrias jedoch höchst selten (WATERKEYN ET AL. 2010).

Aber auch in anderen Staaten in Europa wird das Ökosystem durch Nutrias enorm beeinträchtigt oder verändert. So verursachen die Tiere in Zentralitalien erhebliche Schäden in wertvollen Feuchtgebieten, wo sie Röhrichte und Binsenbestände stark dezimieren und somit den Lebensraum für spezialisierte Vögel und andere Pflanzen gefährden (MARINI ET AL. 2011). Nachweislich wird die Zwergdommel *Ixobrychus minutus* im Ticino-Tal in Nordwestitalien negativ durch die Anwesenheit der Nutrias beeinflusst, sowohl durch die Ausdünnung der Wasservegetation, als auch durch Störungen beim Brüten (PRIGIONI ET AL. 2005). Auch in anderen Teilen Italiens konnte nachgewiesen werden, dass bei hoher Nutriadichte manche Vögel, die am Ufer und im Schilf brüten, negativ beeinflusst wurden. Nutrias nutzten die Brutplätze der Vögel tagsüber und auch nachts als Rastplatz. Dabei kam es sehr häufig vor, dass die Eier unabsichtlich von den Nutrias zerstört wurden, ohne dass sie die Eier als Nahrung genutzt hätten. So gefährdeten Nutrias in diesem Fall den Bruterfolg von Blässhuhn *Fulica atra* und Teichralle *Gallinula chloropus* erheblich (BERTOLINO ET AL. 2011). In Griechenland wurde innerhalb einer zweijährigen Untersuchung der komplette Rohrkolbenbestand eines Gebietes von Nutrias vernichtet (EHRLICH 1969).

Bei Feldversuchen in Louisiana USA, konnte durch Nutrias verursachter Kahlfraß beobachtet werden, wo die Tiere die meiste oberirdische Vegetation wegfraßen und die Fläche letztendlich als vegetationsfrei definiert werden konnte (vgl. Abb. 27).

Abbildung 27: Kahlfraß durch die Nutria in Louisiana mit eingezäuntem unangetasteten Bereich (aus LOUISIANA DEPARTMENT OF WILDLIFE AND FISHERIES 2007)

Es wurde ein Stückchen Marsch eingezäunt, um den Kahlfraß zu dokumentieren (BIELA 2008). In Louisiana geht man davon aus, dass der vermehrte Kahlfraß durch die Nutrias, zu einem erhöhten Eintrag von Salzwasser in die Süßwasserfeuchtgebiete führt, welche dadurch stark beeinträchtig werden und sich verändern. Der

Nährstoffgehalt der Sedimente in den meisten Feuchtgebieten Louisianas, wo auch die Nutria inzwischen heimisch ist, ist zu gering, als dass sich die Vegetation von den Fraßaktivitäten der Tiere wieder schnell erholen könnte. Der oft entstehende Kahlfraß lässt dauerhaft Freifläche entstehen, die dann wiederum für Sturmschäden anfälliger sind (BAROCH & HAFNER 2002). Manche Autoren gehen davon aus, dass durch den negativen Einfluss der Nutrias auf die Marschgebiete rund um Louisiana die Überschwemmungs- und Sturmschäden, ausgelöst von Hurrikan „Katrina", noch verschlimmert wurden (ATKINSON 2005; MCFALLS ET AL. 2010).

Die Tiere können aber auch einen positiven Einfluss auf andere Organismen haben, wie Beobachtungen in Polen zeigen. Hier stieg der Karpfenertrag in einigen Teichen um das sechsfache an, weil die Nutrias die Überwasservegetation weg fraßen und somit den Lebensraum für den Karpfen positiv veränderten (EHRLICH 1969).

Auch können sie beispielsweise in Naturschutzgebieten durch Schaffung geeigneter Habitate bei ihrem Bau von Höhlen den Weg für Eisvogel, Laubfrosch und Ringelnatter ebnen (SCHÜRING 2010).

Zusammenfassend sind In Tabelle 4 alle möglichen Auswirkungen der Nutria in Deutschland auf Vegetation, Tiere und abiotische Standortfaktoren, sowie deren Auslöser durch das Verhalten der Nutrias aufgelistet.

Tabelle 4: Mögliche Auswirkungen der Nutria auf Vegetation, Tiere und abiotische Standortfaktoren in Deutschland und deren Ursachen (verändert nach BIELA 2008).

	Mögliche Auswirkungen	Ursachen
Vegetation	Verzögerung des Übergangs von einem Entwicklungsstadium ins nächste	Verbiss
	Verringerung der Populationsgröße von Pflanzenarten	Herbivorie
	Reduzierung des Areals von Pflanzenarten	Kahlfraß
	Förderung des Wachstums von Pflanzenpopulationen durch Schaffen von	Selektiver Fraß

		freien Wuchsorten	
		Verbreitung von Samen	Fress- und Wanderverhalten
		Veränderung der Artenzusammensetzung	Selektiver Fraß
		Veränderung der Vegetationsstruktur	Verbiss, Kahlfraß
		Veränderung der Vegetationsdynamik	Hemmung der Sukzession durch Herbivorie
Tiere		Abundanzverminderungen verwandter oder ökologisch ähnlicher Arten	Konkurrenz
		Abundanzverminderung von Arten im gleichen Habitat	Veränderung des Lebensraumes
		Erlöschen von (Teil-) Populationen anderer Tierarten	Lebensraumveränderungen
		Förderung von Populationen anderer Tierarten	Veränderung des Lebensraumes durch Fressverhalten
		Ersetzen von heimischen Arten	höhere Konkurrenzfähigkeit
		Förderung der Verbreitung von Parasiten und Krankheiten	Nutria als Wirt
Abiotische Standortbedingungen		Veränderung des Strahlungshaushalts	Kahlfraß
		Veränderung der Ressourcenverfügbarkeit	Veränderung des Lebensraumes

	Veränderung der chemischen Wasserqualität	Erhöhung der Sauerstoffmenge durch Verbiss von Pflanzen
	Reduzierung der ober- und unterirdischen Biomasse	Verbiss
	Veränderung der Bodenbildungsrate	Fressverhalten führt zu erhöhter Streuproduktion
	Erosion	Kahlfraß und Wühltätigkeit

7. Wirtschaftliche Schäden

Da die Nutria Schäden an landwirtschaftlichen Flächen, Dämmen, Deichen, Verkehrswegen, Gärten und Bewässerungsanlagen aber auch an natürlichen Lebensräumen verursacht, wird sie als invasive Art[6] angesehen. Speziell zu nennen sind die Schäden durch Fress- und Grabverhalten. Dadurch zerstören sie Schilfröhrichte und Wasserpflanzen und verändern somit ihre Umwelt. Dies kann sogar so weit gehen, dass viele Ufer- und Wasserbereiche komplett vegetationsfrei werden. Als Folge davon sind viele Vogelarten, Fische und Wirbellose bedroht, die ihren Lebensraum verlieren (BERTOLINO 2011 in NENTWIG 2011; BERTOLINO ET AL. 2012).

In diesem Kapitel soll aufgezeigt werden, in wie weit die Nutria für wirtschaftliche Schäden in Deutschland und anderen Ländern verantwortlich ist. Es soll deutlich werden, welche verschiedenen, vom Menschen genutzten Bereiche, von der Nutria geschädigt werden. Dafür wurden Daten aus 16 verschiedenen Untersuchungen verwendet, wovon bei lediglich zwei Studien signifikante Zahlen zu Schäden vorliegen, bei BROWN (2002) und PANZACCHI ET AL. (2007). Bei allen anderen Studien wird lediglich von Schäden im Allgemeinen gesprochen, ohne dies jedoch mit konkreten Zahlen belegen zu können.

---

[6] §40 Nichtheimische, gebietsfremde und invasive Arten (BNatschG)

7.1. Schäden in Deutschland

Es treten Schäden an landwirtschaftlichen Flächen auf, wenn sich diese in der Nähe von Gewässern befinden. Dabei werden Wurzeln und Knollen ausgegraben, wobei deutliche Verwüstungen entstehen (JOHANSHON 2011; BERTOLINO ET AL. 2012). Ein Problem ist hierbei, dass die Tiere gezielt die Teile der Pflanze bevorzugt konsumieren, welche den höchsten Nährstoffgehalt aufweisen. Dieser ist häufig im basalen Meristem zu finden, welches von den Tieren ebenfalls verspeist wird und somit zum Absterben der Pflanze führt (BAKER 2006). Auf Feldern werden Mais und Rüben gefressen und es entstehen nicht selten Fraßflächen von bis zu 100 m² (vgl. Abb. 28).

Abbildung 28: Fraßstellen der Nutria in Rüben- und Maisfeldern (aus DVWK 1997)

Gesamtzahlen über deutschlandweite landwirtschaftliche Schäden sind bisher kaum erfasst und so gibt es nur einzelne Berechnungen. Man geht z.B. in einem einzigen Jagdrevier in Niedersachsen davon aus, dass die Schäden allein an Ackerkulturen pro Jahr mehrere tausend Euro betragen (JOHANSHON 2011).

In näherer Umgebung des Gewässers kommt es speziell im Winter und bei Hochwasser auch zu Rindenschälungen an Weichhölzern (vgl. Abb. 29).

Abbildung 29: Schälung eines Baumes verursacht durch eine Nutria (aus DVWK 1997)

Diese Schälungen können zum Absterben des betroffenen Baumes führen, woraufhin dieser umstürzen und zusätzliche Schäden verursachen kann. Äste können von der Nutria nur abgebissen werden, wenn sie nicht dicker als 5 cm sind.

Durch die Wühltätigkeiten in Uferbereichen und Dämmen kann die Stabilität dieser Schutzbauten vermindert werden. Es kommt zu Einstürzen (vgl. Abb. 30) und Überflutungen.

Abbildung 30: Uferabbruch durch Grabungsaktivitäten der Nutria (aus SHEFFELS & SYTSMA 2007)

Bereits häufiger brachen landwirtschaftliche Maschinen in die dicht unter der Erdoberfläche liegenden Wohnhöhlen ein (vgl. Abb. 31; STUBBE ET AL. 2009).

Abbildung 31: In Nutriabau eingebrochener Traktor (aus DVWK 1997)

Gefährdete Bereiche sind vor allem Steiluferbereiche, Altarme, Zuflussmündungen, Dämme, Deiche, Verkehrsanlagen, Gebäude und andere Bauwerke und junge Ufergehölzpflanzungen. Das Gefährdungspotenzial steigt mit schmaleren Uferstreifen und mit der Konzentration des Nahrungsangebotes in Feld- und Gartenkulturen in Gewässernähe an. Häufig werden auch im Winter die überwinternden Kohlarten aus Kleingärten von der Nutria genutzt (ELLIGER 1997; DVWK 1997).

Auch der Mensch trägt indirekt zu Schäden durch die Nutria bei. Bei vielen urbanen Populationen kommt es zu Fütterungen durch den Menschen. Damit werden zum Teil nicht nur die Nutrias selbst geschädigt, sondern auch die Gewässer, die hierdurch einen erhöhten Nährstoffeintrag erfahren und öffentliche Parks, die verunreinigt werden. Die Parks müssen dann aufwendig gereinigt werden, was weitere Kosten verursacht (BRAINICH 2008; STADT PFORZHEIM AMT FÜR UMWELTSCHUTZ 2011; WIEGEL ET AL. 2011). Erhebungen in Saalfeld an der Saale ergaben pro Monat Einträge ins Gewässer von 400 kg Futtermitteln, i.d.R. von Küchenabfällen (MEYER 2001).

7.2. Schäden auf internationaler Ebene

International betrachtet, sind vor allem aus den Südstaaten der USA massive Schäden bekannt (SCHMIDT 2001). Ebenso erwähnenswert, weil weiterhin steigend, sind die Schäden im Nordwesten des Landes, v.a. in Washington und Oregon. Diese Schäden unterscheiden sich aber von denen in den Südstaaten, wo die Nutrias hauptsächlich in großen flachen Marschgebieten leben und vor allem Schäden an der Vegetation hervorrufen. Dagegen treten im Nordwesten der USA ähnliche Schäden wie in Europa auf, und zwar an Deichen, Ufern und Dämmen, da dort keine ausgedehnten Sumpfgebiete vorhanden sind. Aus dem Nordwesten der USA gibt es auch, ähnlich wie in Cottbus, Berichte von Angriffen auf Passanten, weil die Tiere dort auch vermehrt in urbanen Räumen auftreten. Die Nutrias verhalten sich in diesen Fällen oft sehr aggressiv gegenüber Spaziergängern und deren Hunden und attackieren diese auch ohne Vorwarnung. Der Kontakt zum Menschen stellt auch eine potenzielle Gefahrenquelle für Krankheitsübertragungen dar (vgl. Abb. 32; SHEFFELS & SYTSMA 2007; vgl. Kapitel 9).

Abbildung 32: Direkter Kontakt zum Menschen durch zahme Nutrias kann eine mögliche Krankheitsübertragung begünstigen (aus SHEFFELS & SYTSMA 2007).

Es gibt aber auch in den USA Schäden an der Landwirtschaft. Dies wurde wiederum speziell für Gebiete im Süden des Landes dokumentiert. So lagen die Schäden 1991 bei Rohrzucker und auf Reisfelder bei knapp 2 Mio. US $ (BROWN 2002).

Aber auch aus europäischen Ländern wie etwa Frankreich werden großen Schäden durch Grabaktivitäten und Kulturpflanzenverluste gemeldet (WATERKEYN ET AL.

2010). In Italien mussten zwischen 1995 und 2000 jedes Jahr gut 150.000 € in die Landwirtschaft investiert werden, um die dortigen Nutriaschäden zu kompensieren. Die Schäden durch Wühlaktivitäten waren um ein vielfaches höher. Hier liegen jedoch keine flächendeckenden Zahlen vor. Allein an zwei Fällen wird jedoch die Höhe der Nutriaschäden durch Grabaktivitäten deutlich. Flussufer inklusive Deiche und Dämme brachen durch Wühlaktivitäten ein und kollabierten, worauf es zu Fluten mit anschließend verwüsteten Dörfern und Ackerflächen kam. Allein hierbei entstanden Kosten in Höhe von knapp 23 Mio. € (PANZACCHI ET AL. 2007).

In Großbritannien waren bis zur erfolgreichen Ausrottung (vgl. Kapitel 8.2.) massive Schäden an Sumpfschilfgürteln zu verzeichnen, welche fast zum vollständigen Erlöschen u.a. von Fluss-Ampfer *Rumex hydrolapathum* und Wasserschierling *Cicuta virosa* führten. In der Landwirtschaft und in der Wasserwirtschaft gab es die größten Schäden zu verzeichnen, weil die Wühltätigkeiten Drainagesysteme zerstörten und vielmals Fluten auslösten (BAKER 2006).

In den Niederlanden sind Nutrias ebenfalls vielfach für Einstürze von Deichen, Straßen und Feldern in unmittelbarer Nähe zu Gewässern verantwortlich (NIEWOLD & LAMMERTSMA 2000). Bekannt sind auch lokale Schäden durch Nutrias an der Landwirtschaft in China, nachdem die Tiere dort ebenfalls absichtlich oder unabsichtlich aus Farmen in die Natur entlassen wurden. Vor allem in Südchina passierte dies, nachdem die Qualität der Felle immer schlechter wurde (XU ET AL. 2006).

Untersuchungen aus ihrem Ursprungsgebiet Argentinien zeigen indes nahezu keine nennenswerten Schäden an landwirtschaftlichen Kulturen. So konnten trotz ähnlich hoher Populationsdichten in Argentinien, wie an manchen Stellen in Europa, nur wenige Schäden an landwirtschaftlichen Erzeugnissen festgestellt werden, obwohl sich die Felder in unmittelbarere Umgebung zu den Habitaten der Nutrias befinden (BORGNIA ET AL. 2000; D'ADAMO ET AL. 2000; CORRIALE ET AL. 2006).

8. Management

In diesem Kapitel werden zunächst vergangene und aktuelle Methoden zur Nutriajagd aufgeführt. Es werden weiter einige rechtliche Aspekte der Jagd und Kontrolle angesprochen, sowie unterschiedlichste Kontrollmaßnahmen dargestellt. Hierbei wird auf mögliche vorbeugende Aktionen hingewiesen, die Nutriaschäden verhindern oder unterbinden könnten. Schließlich werden verschiedene Erfassungsmethoden vorgestellt, die für differenzierte Verbreitungsgebiete und Fragestellungen angewendet werden können.

8.1. Jagd

Schon 1962 forderten viele Jäger eine Bekämpfung der Nutrias, da sie den Schäden die durch Bisams hervorgerufen wurden in nichts nachstünden. 1963 forderte auch das Pflanzenschutzamt Kassel eine Bekämpfung. Diese Forderungen wurden jedoch lange ignoriert, bis schließlich heute die Nutria in den meisten Bundesländern dem Jagdrecht unterliegt (KREIS WESEL UNTERE LANDSCHAFTSBEHÖRDE 2009; SCHÜRING 2010).

Es gibt keine festgelegte Jagdzeit für Nutrias, was bedeutet, dass sie während des gesamten Jahres in den betroffenen Bundesländern gejagt werden kann. In Rheinland-Pfalz erklärte die oberste Jagdbehörde bereits 1956 die Nutria für jagdbar (KREIS WESEL UNTERE LANDSCHAFTSBEHÖRDE 2009), im Kreis Steinfurt wird sie seit 1990 intensiv bekämpft (PELZ ET AL. 1997), wurde aber bisher nicht ins Jagdrecht von Nordrhein-Westfalen aufgenommen. Das bedeutet, dass die Nutria u.a. nur über Abschussgenehmigungen reguliert wird (KREIS WESEL UNTERE LANDSCHAFTSBEHÖRDE 2009). In Baden-Württemberg wurde sie 1996 ins Jagdrecht aufgenommen (ELLIGER 1997), während sie in Niedersachsen 2001 aufgenommen wurde. Dort hat sich bereits nach nur sieben Jahren die Jagdstrecke mehr als versechsfacht. Durch die auch dort zunehmenden Schäden an Deichen und Dämmen haben einige Unterhaltungs- und Pflegeverbände Abschussprämien für Nutrias festgesetzt, die bei fünf Euro pro Tier liegen (JOHANSHON 2011). Ausgenommen ist hier nur die Zeit der Jungenaufzucht (KREIS WESEL UNTERE LANDSCHAFTSBEHÖRDE 2009). Bei bestimmten Bedingungen, kann jedoch die Jagdbehörde diesen Schutz während der Aufzucht aufheben, z.B. bei schweren Schädigungen an der Landwirtschaft und Störung des biologischen Gleichgewichts (ELLIGER 1997). Sinn der Jagd ist u.a. der Uferschutz, Abwendung wasser- und landwirtschaftlicher Schäden, sowie Schutz der heimischen

Pflanzenwelt (KREIS WESEL UNTERE LANDSCHAFTSBEHÖRDE 2009). Einschränkungen der Jagd müssen allerdings in vielen Städten hingenommen werden, wo Nutrias verbreitet sind, da dort eine effektive Jagd ohne Gefährdung der Bevölkerung nicht zu bewerkstelligen ist (KLEIN 2007).

Es gibt unterschiedliche Möglichkeiten der Jagd auf Nutrias. Sie können z.B. sehr gut geschossen werden, da sie beim Schwimmen den Rücken aus dem Wasser halten und so für den Jäger ein gutes Ziel abgeben. Hierbei ist es in Biberschutzzonen jedoch nur erlaubt an Land zu jagen, da im Wasser eine zu große Verwechselungsgefahr mit dem Biber besteht. Außerdem muss ein Mindestabstand zu Biberburgen von 50 m eingehalten werden, der fallenfrei bleibt. Früher wurden Nutrias sehr häufig mit Lanzen vom Pferd aus gejagt, wenn genügend fester Grund vorhanden war. Zum Aufstöbern der Nutrias wurden abgerichtete Hunde eingesetzt. Auch wurden häufig Hunde abgerichtet, die Nutrias im Wasser im Genick zu packen und dann an Land zu bringen. Natürlich wurden auch Fangeisen verwendet, die auf die zwischen dem Schilf verlaufenden Pfade gestellt wurden (KLAPPERSTÜCK 2004).

Generell werden heute zwei Methoden zur Bestandslenkung und Jagd unternommen: Abschuss und Fang. Abschuss kann logischerweise nur durch Jagdausübungsberechtigte erfolgen. Beim Aufstellen von Fallen für den Fang ist eine Genehmigung meist bei einer unteren Landschaftsbehörde einzuholen. Zulässige Fallentypen sind Abzugs- oder Köderfallen, wo die Tiere sofort getötet werden und Lebendfallen, wo ein regelmäßiges Aussortieren von gefangenen Tieren (Nichtzielorganismen) durchgeführt werden muss (ELLIGER 1997). Nachteil der Lebendfallen ist jedoch zum Einen der erhöhte zeitliche Aufwand bei der täglichen Kontrolle und zum Anderen das Gewicht vieler Fallen, die oft zu schwer sind, um in unzugängliche Gebiete gebracht werden zu können. Oftmals verletzen sich die Tiere in solchen Fallen auch selbst an den Zehen, der Nase und am Schwanz, wenn sie versuchen zu entkommen. Diese Nachteile können jedoch mit anderen Konstruktionen und Materialien wieder wettgemacht werden. Die Nachteile der Abzugsfallen sind auf tierschutzrechtlicher Ebene zu finden. Die Fallen sollen dafür sorgen, dass die Tiere sofort sterben, was kaum garantiert werden kann. Auch stellen sie für viele andere Tiere eine Gefahr dar und ebenso für den Menschen oder seine Haustiere (VERBEYLEN 2002).

An Wechseln zu landwirtschaftlichen Kulturen können Nutrias am effektivsten gejagt werden. Hier können sie zusätzlich mit Gemüse und Obst geködert werden

(JOHANSHON 2011). Nach der Überlegung, an welchen Orten die Tiere am besten gefangen werden können, ist auch die zeitliche Komponente ein nicht zu unterschätzender Faktor. So haben Untersuchungen gezeigt, dass zum Ende des Sommers die Nutriakonzentrationen in bestimmten Habitaten am größten ist und somit der Fang zu diesem Zeitpunkt am einfachsten ist (MARINI ET AL. 2011).

Gefangene oder geschossene Tiere werden fast immer einer Altersbestimmung unterzogen, um über die Altersstruktur Rückschlüsse auf die Populationsstruktur und -entwicklung, sowie auf die Wirkung von Bekämpfungsmaßnahmen ziehen zu können (PELZ ET AL. 1997).

In ihrem natürlichen Verbreitungsgebiet in Argentinien ist die Nutria kommerziell gesehen das wichtigste Säugetier für den Fellmarkt und eine Haupteinnahmequelle für die lokale Bevölkerung. Außerdem werden juvenile Tiere häufig als Haustiere gehalten. Da es dort keine effektive Jagdkontrolle gab, kam es zu einer regelrechten Ausbeutung der Nutriapopulationen und einem drastischen Rückgang der Individuen. Dies führte zu organisierten Managementprogrammen der wild lebenden Nutriapopulationen. In vielen Teilen Argentiniens ist allerdings eine lückenlose Jagd nicht möglich, da viele Gebiete kaum zugänglich sind, aufgrund orografischer Gegebenheiten. Untersuchungen zeigten, dass erwartungsgemäß die Nutriadichte in Gebieten mit hohem Jagddruck gering ist. Eben jene Gebiete sind solche, mit leichter Zugänglichkeit für die Jäger, oder aber Gebiete mit geringer menschlicher Siedlungsdichte. Des Weiteren konnte festgestellt werden, dass in den Gebieten mit hohem Jagddruck trotzdem immer wieder neue Populationen gegründet wurden. Dies wurde darauf zurückgeführt, dass die Nutriadichte in geschützten, von der Jagd ausgenommenen Gebieten so hoch war, dass es von dort vermehrt zu Abwanderungen der Tiere in nahegelegene Jagdgebiete kam (GUICHÓN & CASSINI 2005).

8.2. Weitere Kontrollmaßnahmen

Häufig wird heutzutage nicht von Kontrolle gesprochen sondern von Management, insbesondere von Wildtiermanagement. Dieses neudeutsche Wort bezeichnet eine junge Disziplin zwischen Naturschutz und Jagdwirtschaft. Sie beschäftigt sich mit den Schwierigkeiten zwischen Menschen und Wildtieren, die zwangsläufig besonders in Deutschland entstehen können. Es gehen hier neben naturschutzrechtlichen Betrachtungen vor allem die Lebensraumansprüche der Tiere mit ein. Dabei spielen natürlich die Berührungspunkte mit menschlichen Interessen eine besondere Rolle (SCHÜRING 2010).

Durch Überlappung von Lebensräumen mit Kulturlandschaften entsteht häufig Konfliktpotenzial. Die Sicherheit der Bevölkerung muss speziell an Deichen, Dämmen und Wasserläufen im Bereich von Verkehrswegen eingehalten werden. Hierbei müssen natürlich die Maßnahmen im Rahmen von bestehenden Gesetzen getroffen werden.

Viele Länder bemühen sich darum, die Nutriabestände zu kontrollieren, um die Schäden so gering wie möglich zu halten. Oftmals sind die Methoden jedoch wirkungslos. Zwischen 1995 und 2000 wurden beispielsweise in Italien über 200.000 Tiere erlegt und trotzdem konnte die verbliebene Population in den Uferzonen Schäden von über 10 Mio. € anrichten (BERTOLINO 2011 in NENTWIG 2011).

Neben Kontrollmaßnahmen spielt immer auch die Möglichkeit zur Ausrottung eine wesentliche Rolle. So wurden im vergangenen Jahrhundert neben der erfolgreichen Ausrottung in England auch Nutrias in zwei kleineren Regionen der USA ausgerottet (PANZACCHI ET AL. 2007). Aber auch in Europa konnten neben Großbritannien auch Dänemark, Norwegen, Schweden und Finnland erfolgreich Nutrias ausrotten (BARRAT ET AL. 2010). Aus Deutschland sind bisher nur sehr großmaßstäblich erfolgreiche Ausrottungskampagnen bekannt, wie etwa in Cottbus, wo die Nutria im Branitz-Park über Jahre hinweg erhebliche Schäden anrichtete und durch Zufütterung der Bevölkerung dauerhaft überlebte. Auch häuften sich dort nach stetiger Vermehrung die Berichte über Angriffe aggressiver Nutrias auf Hunde und sogar Hundebesitzer. Bei diesen nur sehr kleinen Ausrottungskampagnen konnten mehrere Nutrias aus dem urbanen Raum flüchten und so dem Tod entkommen. Auch stellte sich hierbei generell die Schwierigkeit dar, dass man nicht wusste, wie man vorgehen konnte und sollte. Da es sich um einen urbanen Raum handelte und die Tiere, ähnlich wie Enten, unter der Bevölkerung gern gesehen waren, war es nicht so einfach eine Ausrottungskampagne zu starten. Auch war die Frage der Zuständigkeit ein Problem, was generell in Deutschland kaum geklärt ist. Schließlich wurden mehrere Behörden, Tierschutz- und Naturschutzorganisationen hinzugezogen, das Gebiet wurde kartiert und die Tiere zunächst gezählt. Man einigte sich nach der Schadanalyse darauf, alle Tiere zu töten und die Zugangswege zum Park für Nutrias dicht zu machen, um keine neue Besiedlung zu gewährleisten. Das Projekt war bereits nach wenigen Tagen erfolgreich. Doch es zeigt das generelle Problem in Deutschland auf: die Zuständigkeit. Weiterhin ist auch ein Problem der Finanzierung gegeben und wenn es sich um urbane Vorkommen handelt, ist die Bevölkerung involviert. Einige Monate später zeigte sich, dass die Zugänge zum Branitz-Park nicht vollständig gesichert worden waren und so kommen nun wieder vereinzelte Nutrias im Park vor (WALTHER ET AL. 2011).

Durch die Berner- und die Biodiversitätskonvention ist Deutschland dazu verpflichtet, invasive Arten wie die Nutria zu bekämpfen (STADT PFORZHEIM AMT FÜR UMWELTSCHUTZ 2011). Dies wurde am 5. Juni 1992 von Deutschland im Gesetz zum „Übereinkommen über die Biologische Vielfalt" unterschrieben und ist in Artikel 8h[7] festgemacht (JOHANSHON 2011). In einer Ergänzung der Berner Konvention von 1999 wird empfohlen, speziell Amerikanischen Nerz, Bisam, Nutria, Sikahirsch, Grauhörnchen, Waschbär, Marderhund, Kanadischen Biber, Schwarzkopf-Ruderente, Rotwangen-Schmuckschildkröte und Ochsenfrosch europaweit auszurotten. Bis jetzt gibt es bei keiner dieser Arten diesbezüglich einen Erfolg zu verzeichnen (STADT PFORZHEIM AMT FÜR UMWELTSCHUTZ 2011). Auch im Bundesnaturschutzgesetz gibt es dazu eine abgeschwächte Form, die bestimmte Maßnahmen vorsieht[8]. Diese Forderungen werden durch eine Feststellung im Bundesjagdgesetz[9] bekräftigt, die herausstellt, dass die Nutria rechtswidrig in Deutschland eingebürgert wurde. Vorerst wäre so eine Liquidierung der illegal freigesetzten Nutria legitim (HEIDECKE ET AL. 2001). Hierbei muss jedoch noch beachtet werden, dass durch die Aufnahme der Nutria ins Jagdrecht in vielen Bundesländern, die Tiere der Hegeverpflichtung[10] unterliegen und somit nicht ohne weiteres ausgerottet oder bekämpft werden können (JOHANSHON 2011).

Auch sind die einzelnen Bundesländer in Deutschland durch die Gewässerunterhaltungspflicht dazu aufgefordert, Gewässer und Ufer zu erhalten. Wird dies unterlassen, ist sogar eine Haftung möglich. Des Weiteren gibt es eine Verkehrssicherungspflicht, um Schädigungen anderer durch die vom Gewässer ausgehenden Gefahren zu verhindern.

Neben den gesetzlichen Möglichkeiten gibt es auch vorbeugende Maßnahmen. So schlägt der Deutsche Verband für Wasserwirtschaft und Kulturbau (DVWK) 1997 vor,

---

[7] „[...] jede Vertragspartei, soweit möglich und sofern angebracht, die Einbringung nichtheimischer Arten, welche Ökosysteme, Lebensräume oder Arten gefährden, verhindern, diese Arten kontrollieren oder beseitigen wird."
[8] „Es sind geeignete Maßnahmen zu treffen, um eine Gefährdung von Ökosystemen, Biotopen und Arten durch Tiere und Pflanzen nichtheimischer und invasiver Arten entgegenzuwirken" (§ 40 Abs. 1, BNatschG).
[9] „Das Aussetzen oder das Ansiedeln fremder Tiere in der freien Natur ist nur mit schriftlicher Genehmigung der zuständigen obersten Landesbehörde oder der von ihr bestimmten Stelle zulässig" (§ 28 Abs. 6 Satz 4, BJagdG).
[10] § 1 Abs. 2, BJagdG

durch die Gestaltung und Pflege von Gewässern die Schäden der Nutrias abzuwenden, indem durch diese Maßnahmen geeignete Nutrialebensräume in ungeeignete umgewandelt werden. Andererseits könnten an geeigneten Stellen mit standortgerechter Vegetation breite Uferstreifen angelegt werden, die für ein Habitat der Nutrias sprächen und von landwirtschaftlichen Kulturen ablenken würden.

Um Grabtätigkeiten an besonders gefährdeten Uferstellen zu unterbinden, hat sich vielerorts der Einsatz von Metallgittern in den Boden bewährt. Auch kann eine gezielte Steinschüttung die Grabungen unterbinden. Bei diesen Methoden muss jedoch darauf hingewiesen werden, dass hier lediglich die Ufer, nicht aber die Kulturpflanzen geschützt werden. Für diese bietet sich der Einsatz von Zäunen an, was jedoch sehr kostspielig ist. Um junge Ufergehölze schützen zu können, eignen sich Verbissmittel oder aber Drahtmanschetten sehr gut (DVWK 1997).

Kontrollen verfolgen meist zwei verschiedene Ziele. Zum einen soll mit einer Bestandsreduzierung versucht werden, die entstehenden wirtschaftlichen Schäden so gering wie möglich zu halten oder andererseits soll versucht werden, die invasive Art auf ein bestimmtes geografisches Gebiet zu beschränken. Positive Beispiele, beispielsweise aus Italien, gibt es bereits. In einem Pilotprojekt in Piemont (Norditalien) konnte dieses unter Beweis gestellt werden. Hier wurde nicht versucht, die Nutria in einem bestimmten Gebiet zu halten, da sie schon zu weit verbreitet war, sondern sie gezielt in ihrem Bestand zu dezimieren. Grundlage war ein strukturierter Plan mit den Schritten Problemdefinition, Machbarkeitseinstufung, Zieldefinition, Realisierung, Monitoring und Auswertung.

Dieses Projekt war notwendig geworden, da zwischen 1995 und 2000 Nutrias in Italien Schäden an Ufern und Landwirtschaft von knapp 12 Mio. € verursachten. Hinzu kamen aktive Kontrollmaßnahmen in diesem Zeitraum von 2,6 Mio. € bei denen gut 220.000 Tiere aus der Natur entfernt wurden: 54% wurden gefangen und 46% erschossen. Diese Maßnahmen stoppten weder die Ausbreitung der Nutrias, noch verringerten sie die wirtschaftlichen Schäden. Jedoch stellte man fest, dass mit erhöhten Managementbemühungen die Kosten für Schäden, verursacht durch Nutrias, an Land- und Wasserwirtschaft zurückgingen (vgl. Abb. 33).

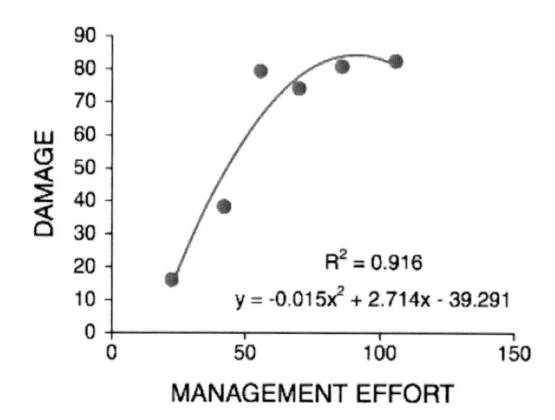

Abbildung 33: Effizienz von Management Bemühungen (€/km2/Jahr) zur Reduzierung von Schäden (€/km2/Jahr) verursacht durch Nutrias in Norditalien von 1995-2000 (aus PANZACCHI ET AL. 2007)

Somit intensivierte man die Maßnahmen von 2001-2005, was schließlich zum Erfolg führte (vgl. Abb. 34).

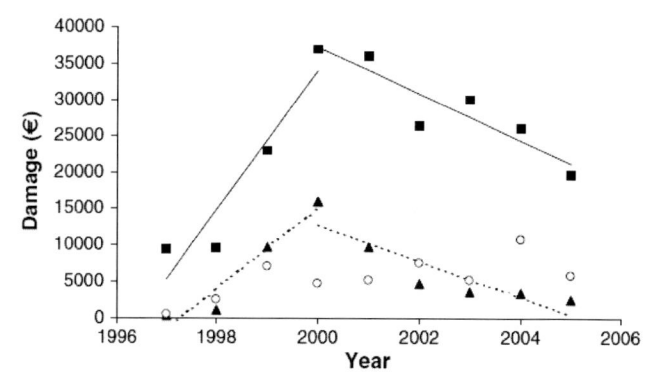

Abbildung 34: Trend von Nutriaschäden von 1997-2005 in den Gebieten Novara (schwarze Kästchen), Vercelli (schwarze Dreiecke) und Alessandria (offene Kreise) in Norditalien (aus BERTOLINO & VITERBI 2010)

Man beschränkte die Kontrollmaßnahmen fast ausschließlich auf den Winter, da hier die Anfälligkeit der Tiere größer ist und sie auch leichter zu ködern sind. Zunächst entstanden zwar mehr Kosten durch die stärkeren Kontrollmaßnahmen, doch diese wurden durch die Reduzierung der wirtschaftlichen Schäden kompensiert (BERTOLINO & VITERBI 2010). Auch konnte sich an den Flüssen Po und Orba die Wasservegetation in kürzester Zeit sichtbar erholen, nachdem die Fänge intensiviert wurden (PRIGIONI ET AL. 2005). Dies geht auch aus regionalen Versuchen in mehreren Naturschutzgebieten in Nordwestitalien hervor. Dort hatten die Nutrias die Restaurationsbemühungen der Parks durch intensiven Fraß behindert, die stellenweise zum „Natura 2000" Netzwerk gehören. Über drei Jahre hinweg wurden mit Lebendfallen immer wieder Nutrias aus dem Gebiet entfernt und so konnte sich die Vegetation der Parks schließlich erholen. Dies konnte mit relativ geringem Aufwand und niedrigen Kosten von etwa 4.500 € nach drei Jahren erreicht werden. Hier war jedoch insgesamt die Populationsdichte der Nutrias nie sehr hoch: Sie lag in den drei Gebieten zwischen 0,06 und 1,3 Tieren pro Hektar (BERTOLINO ET AL. 2005).

Vergleicht man jedoch diesen Aufwand in Italien, der auch weiterhin anhält, mit der Ausrottungskampagne in den 1980er Jahren in Großbritannien, so wird schnell klar, dass eine erfolgreiche Ausrottung weitaus kosteneffizienter ist, als permanente Kontrollmaßnahmen. So hat die 11-jährige Ausrottungskampagne etwa 5 Mio. € gekostet, was zur damaligen Zeit sehr viel Geld war (PANZACCHI 2007). Doch auch in Großbritannien war nicht sofort der erste Versuch der Kontrolle beziehungsweise Ausrottung erfolgreich. Man startete eine erste Kontrollmaßnahme zwischen 1962 und 1965, nachdem die wirtschaftlichen Schäden, ausgelöst durch Nutrias, erheblich wurden. Zu dieser Zeit ging man davon aus, dass eine komplette Ausrottung der Art nicht möglich sei und so beschränkte man sich auf eine intensive Kontrolle durch erhöhten Jagddruck. Es sollte lediglich die Zahl der Tiere verringert werden. Hier beging man jedoch den Fehler, dass durch die Jäger meist nur die Gebiete von geringer Nutriadichte bejagt wurden, als solche mit sehr hoher Dichte.

Am Ende der Kampagne 1965 waren über 40.000 Tiere gefangen worden. Danach wurden die Jagdbemühungen herunter gefahren, weil man die Reproduktionsrate der Tiere unterschätzte. So konnte sich in einigen milden Wintern der 1970er Jahre die Population wieder vollständig erholen. Nachdem darauf die Schäden wieder enorm zunahmen, wurde 1981 erneut eine Kampagne gestartet, jedoch diesmal mit dem eindeutigen Ziel, die Nutrias komplett auszurotten. Die Methode war ausschließlich auf Fallenfang mit anschließender Tötung limitiert. Im Januar 1989 wurde die Kampagne schließlich erfolgreich beendet, nachdem sämtliche Nutrias getötet waren. Begünstigt wurde die Ausrottung durch zahlreiche besonders kalte Winter (vgl. Abb. 35; BAKER 2006).

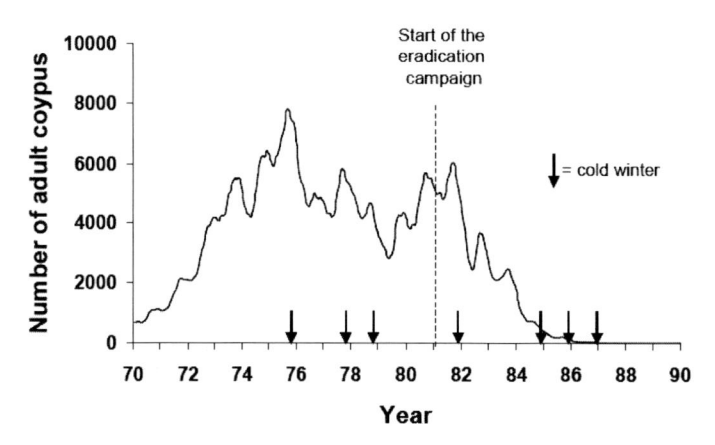

Abbildung 35: Anzahl adulter Nutrias in Großbritannien, die zwischen 1970 und 1990 gefangen wurden. Schwarze Pfeile kennzeichnen besonders kalte Winter (aus BAKER 2006).

In den USA gibt es bislang in zwei Staaten regulierende Kontrollmaßnahmen: Louisiana und Maryland. In Louisiana startete man, wie oben schon erwähnt, spezielle Anreizprogramme für Jäger, um über die Schäden der Nutrias Herr zu werden. Beim „Coastwide Nutria Control Program" wird den Jägern pro Nutriaschwanz 6 $ geboten, was als Anreiz auszureichen scheint. So schüttete die Behörde dort zwischen 2006 und 2007 gut 1,8 Mio. US$ an Belohnungen aus. Insgesamt nahm die von Nutriaschäden betroffene Fläche in Louisiana von 100.000 ha in 1999 auf 35.000 ha in 2007 ab. In Maryland startete man 2002 nach mehrjährigem Monitoring und Untersuchungen der Nutrias mit einem Ausrottungsprogramm von gut 4 Mio. US$ (SHEFFELS & SYTSMA 2007).

Weitere Maßnahmen zur Kontrolle in den USA waren der Einsatz von Gift, Abfangen durch letale und nicht-letale Fallen, professionelle Bejagung, Hervorrufen von Unfruchtbarkeit durch die Applikation chemischer Stoffe und chemische nicht-letale Duftsprays zur Vertreibung. Diese Methoden waren aber im Gegensatz zum oben beschriebenen Anreizprogramm nur wenig effektiv oder aber zu teuer und so werden sie deshalb nur noch vereinzelt gebraucht (MACH & POCHÉ 2002).

8.3. Erfassungsmethoden

Im Folgenden werden einige Erfassungsmethoden vorgestellt, um für zukünftige Studien und Projekte über die Nutria in Deutschland Hinweise und praktikable Ansätze zu liefern. Schließlich stellen manche dieser Methoden die Grundlage für viele Studien und Untersuchungen, sowie deren hier veröffentlichte Ergebnisse dar. Nicht zuletzt haben die Erfassungsmethoden einen spezifischen Einfluss auf die Ergebnisse von Untersuchungen und werden daher an dieser Stelle vorgestellt.

Fang-Wiederfang

Klassische Methoden von Fang-Wiederfang bei Nutrias waren zunächst das Bemalen des Schwanzes mit wasserfester Farbe, das Rasieren einzelner Stellen des Fells und das Bleichen des Fells. Auch martialischere Methoden, wie etwa das Entfernen von Fußnägeln (Toe-Clipping) oder das Einschneiden der Schwimmhäute wurden früher als Markierungsmethoden benutzt. Hiervon hat man sich allerdings heutzutage gänzlich distanziert. Mittlerweile werden sehr häufig sogenannte PITs unter die Haut der gefangenen Tiere injiziert, bevor sie dann wieder frei gelassen werden. Diese „Passive Integrated Transponders" können ein Leben lang im Tier bleiben, ohne dieses zu schädigen. So kann das Tier mit Hilfe eines aktiven Sensors beim Wiederfang mühelos identifiziert werden. Als heutige visuelle Markierungen werden in der Regel Ohrmarken aus Plastik verwendet. Diese haben für Nutrias meist eine Größe von 20 x 4 mm und können somit gut aus bis zu 100 m Entfernung mit dem Fernglas erkannt werden. Somit muss das Tier zur Erfassung nicht wieder gefangen werden. Nachteil zu den PITs ist allerdings, dass sie maximal 530 Tage, durchschnittlich aber deutlich kürzer halten. Für Kurzzeituntersuchung ist dies aber völlig ausreichend.

Telemetrie

Zur Telemetrie werden normalerweise wasserdichte Halsbandsender verwendet, die ca. 1% des Körpergewichts der Tiere nicht überschreiten sollten. Hinzu kommen ein Empfänger mit Kopfhörern und eine Antenne. Hält sich das Tier im Freien auf, so kann es mit entsprechenden technischen Voraussetzungen aus bis zu 3 km Entfernung geortet werden. Diese Distanz sinkt jedoch extrem, wenn sich das Tier in seiner Höhle befindet. Meist sind hier Distanzen von unter 20 m gemessen worden (MEYER 2006).

Bei diesen klassischen Halsbandsendern hat sich auch herausgestellt, dass sie bei Nutrias häufig zu einer ausgeprägten Dermatitis führen, welche die Tiere beeinflusst. Auch für ihre semiaquatische Lebensweise ist das Halsband sehr hinderlich. So entwickelte man in Louisiana USA, eine andere Möglichkeit zur Besenderung. Man implantierte Radiotransmitter intraperitoneal.[11] Diese Transmitter hatten eine Reichweite von ca. 1 km und konnten somit gut telemetriert werden. Im Endeffekt stellte sich

---

[11] Der Raum, der vom Bauchfell überzogen ist, Bauchhöhle

heraus, dass die Tiere in ihrem Verhalten und ihrem täglichen Leben von den implantierten Transmittern nicht beeinflusst wurden. Auch waren Metzen trotz Implantat in der Lage, Junge ohne Beeinträchtigung zu bekommen (NOLFO & HAMMOND 2006).

Eine praktischere und effizientere Methode zur Besenderung als klassische Halsbandsender und implantierte Sender stellen am Schwanz befestigte Radiotransmitter dar. In Louisiana wurden dafür normale Halsbandsender so modifiziert, dass sie am Schwanz befestigt werden konnten (vgl. Abb. 36).

Abbildung 36: Am Schwanz einer Nutria befestigter umfunktionierter Halsbandsender (aus MERINO ET AL. 2007)

Die Reichweite der Sender betrug über Wasser etwa 1,5 km und unter Wasser 0,5 km. Die Sender hielten sich durchschnittliche 95,9 Tage am Schwanz der Tiere. Es war keine höhere Mortalität festzustellen, jedoch gibt es bisher keine Aussagen über mögliche negative Beeinflussung der befestigten Transmitter bei der Nahrungssuche (MERINO ET AL. 2007).

Eine Weiterentwicklung der klassischen Halsbandsender und somit eine weitere Alternative der Besenderung testeten Forscher in Maryland USA, an wildlebenden Nutrias. Hierbei beschäftigten sie sich mit zwei Problemen. Das erste Problem ist die deutliche Beeinflussung der besenderten Tiere durch das Halsband, welche oft Entzündungen hervorrufen, schwer sind und somit bei der Nahrungssuche und beim Fortbewegen hinderlich sind. Diesem Problem kamen sie entgegen, indem sie Plastik und Nylon als Material verwendeten, welche keine Entzündungen auslösten und leicht sind. Das zweite Problem ist der Aufwand bei klassischen Besenderungen. Man muss aktiv mit der Empfängerantenne im Gelände unterwegs sein, um den Weg der Tiere verfolgen zu können. Hier setzten die Wissenschaftler in Maryland zusätzlich ein Micro-GPS in das Halsband mit ein, welches die Koordinaten der Bewegungen der Tiere speicherte. Hinzu kam ein klassischer VHF-Transmitter, um das Halsband nach dem Loslösen wiederfinden zu können. Im Endeffekt konnte man das Gesamtgewicht auf 85 g beschränken. Die Halsbänder vielen nach rund einem Monat bei den meisten Tieren ab und konnten mit Hilfe der Transmitter problemlos wieder gefunden werden. Die GPS-Daten konnten dann bequem von zu Hause ausgewertet werden. Des Weiteren traten keine Hautentzündungen auf, wie auch kaum Beeinflussungen im täglichen Leben der Tiere (HARAMIS & WHITE 2011).

Fang

Neben dem klassischen Aufstellen von Fallen zum Fangen der Tiere, bietet sich mancherorts auch die Möglichkeit zum aktiven Fangen vom Boot aus mit Hilfe eines Keschers an. Hierfür bedarf es logischerweise eines geeigneten Gebiets, was mit dem Boot zugänglich ist und wo wenig Vegetation vorhanden ist. Unter idealen Bedingungen können mit dieser Methode sechs bis acht Tiere pro Stunde gefangen werden, was in keiner Relation zum gewöhnlichen Fallenfang steht. Von Vorteil ist auch, dass die Tiere zu bestimmten Zwecken somit nur kurz gefangen werden und schnell wieder in die Freiheit gelassen werden können.

In Louisiana USA, hat man Fallen entwickelt, die gleich mehrere Tiere aufnehmen können, sogenannte „Multiple-Capture-Traps" (vgl. Abb. 37).

Abbildung 37: Mit Ködern versehene Multiple-Capture-Trap in der zwei Nutrias gefangen sind (aus WITMER ET AL. 2007)

Diese großen Fallen wurden mit speziellen Ködern ausgestattet. Bei dieser Form des Fangens konnte die Anzahl der Tiere im Vergleich zu kleineren Fangkäfigen, Bein-Fallen, Giftködern und Erschießen erhöht werden. Auch bietet sich diese Methode sehr für urbane und suburbane Räume an, da hier Giftköder und Abschießen generell ausbleiben. Ein weiterer Vorteil dieser Multiple-Capture-Traps besteht darin, dass sie auch über mehrere Tage ohne Kontrolle im Feld verbleiben können, da genügend Raum in ihnen für Futter zu Verfügung steht. Auch für Gebiete, in denen stark bedrohte Arten vorkommen, die durch eventuelles Abschießen der Nutrias beeinträchtigt werden könnten, bieten sich diese Fallentypen an (WITMER ET AL. 2008).

Um Fangerfolge in freier Wildbahn zu erhöhen, erweiterte man in Louisiana USA, das Spektrum der Köder. So setzte man in den ausgesetzten Fallen Köder ein, die mit Geruchsstoffen aus dem weiblichen Fell, sowie mit weiblichem Urin versehen wurden. Der Fangerfolg stieg dadurch um mehr als das doppelte im Vergleich zu herkömmlichen Ködern ohne Lockstoffe an. Interessanterweise reagieren sowohl die Böcke, als auch die Metzen auf diese Lockstoffe. Ebenso konnte durch diesen Versuch gezeigt werden, dass die Zahl der Nichtzielorganismen, die mit den Fallen gefangen wurden, deutlich geringer war, als bei herkömmlichen Ködern, was auch aus Tierschutzaspekten zu begrüßen ist. Mit diesen positiven Ergebnissen lassen sich zukünftig Fangaktivitäten sehr gut beeinflussen und die Fangzahl erhöhen. Somit könnten mögliche Schäden verringert werden. Der nächste Schritt wäre konsequenterweise den Lockstoff in größeren Mengen zu gewinnen, zu synthetisieren und den Jägern und Forschern zur Verfügung zu stellen (JOJOLA ET AL. 2008).

9. Krankheiten

Nutrias können sowohl in freier Wildbahn, als auch in Gefangenschaft eine Vielzahl von Krankheitserregern tragen, welche auch auf den Menschen übertragen werden können. Im Folgenden sollen die häufigsten und gefährlichsten Krankheiten vorgestellt werden, die zum Teil von der Nutria an andere Tiere, als auch auf den Menschen übertragen werden können.

Strongyloides

Während der ausgedehnten Nutriazucht kam es sehr häufig zum Befall mit Nematoden der Gattung *Strongyloides*. Diese Fadenwürmer saugen sich an der Darmschleimhaut fest. Hierbei entstehen häufig Wundstellen, welche bakterielle Infektionen begünstigen. Schon geringer Befall kann massive Schädigungen hervorrufen. Diese sogenannte „Älchenseuche" befiel vor allem junge Nutrias und stellte für die Zucht in der Mitte des 20. Jahrhunderts ein großes Problem dar (MÄNNCHEN 2009). Ein weiterer Fadenwurm *Heligmosomum sprehni* befällt ebenfalls den Darm und ist ähnlich gefährlich wie *Strongyloides*.

Fasziolose

Weiter wurden bei Zuchttieren häufig parasitäre *Trematoda* wie der Große Leberegel *Fasciola hepatica* und auch *Coccidia*, eine Ordnung der Sporentierchen, gefunden. Viele weitere, zum Teil gefährliche Erkrankungen sind in der Nutriazucht aufgetreten. *Fasciola hepatica* tritt jedoch auch in wild lebenden Populationen auf. So wurde in den damaligen englischen Populationen in 30% der Nutrias der Große Leberegel nachgewiesen. Dieser kann von der Nutria auch Schweine, Schafe, Rinder und den Menschen befallen, bei dem er Schmerzen, Übelkeit und starkes Erbrechen verursachen kann (KINZELBACH 2001). Man spricht dann von einer Fasziolose. In Uruguay wurden sogar in 100% der untersuchten Fäkalproben Eier des Leberegels gefunden. *Fasciola hepatica* hat das Potenzial, sich weltweit auszubreiten und somit das Risiko für eine Infektion des Menschen zu erhöhen. 17 Mio. Menschen in 51 Ländern gelten als infektionsgefährdet. Auch *Rattus norvegicus*, *Mus musculus* und *Cavia porcellus* gelten als Wirt (GAYO ET AL. 2011).

Leptospirose
Auch gilt die Nutria vielerorts als Überträger der Leptospirose, einer Infektionskrankheit, ausgelöst durch Bakterien der Gattung *Leptospira*, die auf den Menschen und landwirtschaftliches Vieh übertragen werden kann. Beim Menschen kann sie grippeähnliche Symptome hervorrufen, die bis zum Nierenversagen führen können. Untersuchungen in Frankreich haben gezeigt, dass die Infektion der Nutrias mit *Leptospira* sehr variabel sein kann und eine Rate von 16 bis 66 % an befallenen Tieren aufwies. Besonders hoch ist das Risiko, sich zu infizieren, für Menschen, die als Fischer, Kanalarbeiter, Gärtner, Tierärzte oder Jäger arbeiten und möglicherweise einen direkten Kontakt zu den Tieren haben, oder aber zum Medium Wasser, in dem sich die Bakterien befinden. Generell steigt das Risiko für den Menschen an, je mehr Nutrias sich in urbanen Räumen befinden und es einen direkten oder indirekten Kontakt zum Menschen gibt (MICHEL ET AL. 2001; BERTOLINO ET AL. 2012).

Tularämie und Toxoplasmose
Für Nagetiere besonders gefährlich und oft tödlich verlaufend, ist die Erkrankung an Tularämie, die durch das Bakterium *Francisella tularensis* ausgelöst wird. Von der Nutria kann diese Erkrankung auch an andere Tiere und den Menschen übertragen werden, bei dem eine Letalität ohne Behandlung von 33% angegeben wird. Des Weiteren wurde der Parasit *Toxoplasma gondii* mehrfach in der Nutria nachgewiesen, welcher eng verwandt ist mit dem Malariaerreger. Beim Menschen kann dieser Erreger die Infektionskrankheit Toxoplasmose auslösen (BARRAT ET AL. 2010).

Trichophytie und Dermatophytose
Eine weitere schwerwiegende Erkrankung, die speziell während der Zucht auftrat, war die Trichophytie. Hierbei handelt es sich um eine Pilzerkrankung, die durch die Gattung der Fadenpilze hervorgerufen wird. Die Tiere verlieren durch den Befall erheblich an Gewicht und die Qualität des Fells verschlechtert sich stark. An den betroffenen Regionen im Fell bilden sich meist kahle Stellen, die nicht wieder zuwachsen. Hinzu kommt das Einreißen infizierter Stellen im Fell durch mechanisches Entfetten. In Europa, Russland und den USA kam es sehr häufig zu diesen Hautpilzerkrankungen, die durchaus auch in freier Wildbahn auftreten können. Neben Nutrias können auch Kaninchen, Nerze und Füchse von Pilzen befallen werden. Das Ergebnis beim Menschen ist oft stark entzündliche Dermatophytose an Kopfhaut, Rumpf,

Extremitäten und Gesicht und in den befallenen Pelztierfarmen bestand ein hohes Ansteckungsrisiko für das Pflegepersonal. (ALYASSINO 1989).

Auch in Italien konnte herausgefunden werden, dass die Tiere Dermatophyten und andere Pilze im Fell mit sich tragen. Besonders häufig sind dabei *Trichophyton terrestre* und *Microsporum gypseum*. Diese Pilze beeinträchtigen die Tiere selbst in ihrer Lebensweise nicht und somit stellen die Nutrias quasi ein natürliches Reservoir dieser Pilze dar. Bei Kontakt zum Menschen können die Pilze diesen befallen und Dermatophytosen auslösen. Aber auch die Übertragung auf domestizierte Tiere oder Haustiere ist möglich (PAPINI et al. 2008).

Zecken, Läuse und Flöhe

Häufig sind Nutrias auch befallen von Zecken, Läusen und Flöhen, welche ebenfalls Krankheiten auf die Tiere übertragen können (KLAPPERSTÜCK 2004). Der Befall mit dem Fuchsbandwurm *Echinococcus multilocularis* konnte bei Untersuchungen in Deutschland als unbedeutend dargestellt werden, während die Infektion beim Bisam signifikant höher und bedeutender ist (HARTEL ET AL. 2004). Da Nutrias häufig Überträger von Trichinellose sind, unterliegen sie vor dem Verzehr der Fleischbeschau (STUBBE ET AL. 2009).

10. Diskussion

Die Geschichte der Nutriazucht reicht möglicherweise bis ins 18. Jahrhundert zurück. AZARA (1801) in KLAPPERSTÜCK (2004) gibt an, dass die Aufzucht der Jungtiere sehr leicht sei, was darauf schließen lässt, dass bereits Ende des 18. Jahrhunderts Nutrias in den Provinzen Buenos Aires und Tucuman aufgezogen wurden, wo er diese Beobachtungen machte. Möglicherweise handelt es sich also dabei um die ersten Versuche, Nutrias zu domestizieren. Professionellere Unternehmungen wurden durch einen Hutmacher in Buenos Aires getätigt, der Mitte des 19. Jahrhunderts einen Tierpark zur Zucht von Nutrias anlegte. Dies war wahrscheinlich die erste größere Nutriazucht (KLAPPERSTÜCK 2004).

Wie in Kapitel 3.2. beschrieben, existieren mehrere Unterarten der Nutria. Bisher ist jedoch nicht eindeutig bekannt, welche Unterarten besonders nach Europa zur Zucht eingeführt wurden und sich somit auch in den Wildpopulationen dort wiederfinden. Es wird jedoch vermutet, dass die häufigste in Europa eingebrachte Unterart *Myocastor coypus bonariensis* ist, die in den Subtropen Südamerikas natürlicherweise vorkommt (STUBBE 1982). Diese Unterart hat man angeblich auch 1958 in Texas und 1970 und 1982 in Louisiana USA, nachgewiesen. Die Unterart *Myocystor coypus coypus* wurde bereits 1941 in Washington State USA, am Buffalo See nachgewiesen (HTTP://DATA.GBIF.ORG). Die anderen Unterarten *Myocastor coypus melanops* und *Myocastor coypus sanctaecruzae* konnten wahrscheinlich bisher noch nicht außerhalb ihres Ursprungsgebietes beobachtet werden.

Die Vermutung, dass in Europa hauptsächlich die Unterart *Myocastor coypus bonariensis* verbreitet ist, könnte möglicherweise erklären, warum die Nutria in Europa so anfällig bei strengem und kaltem Winter ist, dafür aber sowohl in Süß-, als auch in Salzwasser vorkommt. Denn genau diese Merkmale sind von dieser Unterart aus Südamerika bekannt (STUBBE 1982; BERTOLINO ET AL. 2012). Andererseits gehen GUICHÓN & CASSINI (2005) davon aus, dass es der Nutria in Europa sehr leicht gefallen ist, sich zu integrieren, da sie in Südamerika auch ganz im Süden Argentiniens vorkommt, wo es manchmal zu starken Frösten kommt. Somit konnte sie sich durch diese bekannten Bedingungen in ihrem Ursprungsgebiet in Europa verhältnismäßig leicht akklimatisieren. Sie mutmaßen jedoch nicht wie STUBBE (1982), dass es sich in Europa um eine bestimmte Unterart der Nutria handelt, sondern leiten ihre Behauptung nur generell vom ursprünglichen Verbreitungsgebiet, sowie von Untersuchungen vor Ort ab. So könnte man durch GUICHÓN & CASSINI (2005) mutmaßen, dass es sich in Europa möglicherweise um die Unterart *Myocastor coypus sanctaecruzae* handelt, da diese in ihrem Ursprungsgebiet bis ganz im Süden von Patagonien vorkommt. Die Frage bleibt also noch unbeantwortet: Sind die Nutrias in Europa so anfällig gegenüber kalten Witterungsbedingungen, weil sie von einer subtropischen Unterart abstammen? Oder sind sie gerade nicht so stark anfällig und konnten sich deshalb in Europa gut integrieren, weil sie auch im Süden Argentiniens mit kalten Bedingungen ohne Probleme zurecht gekommen sind? Genau hier sollten tiefgreifende genetische Untersuchungen beispielsweise in Europa der Frage der Abstammung nachgehen.

Auf der anderen Seite könnte die erfolgreiche Etablierung der Art in anderen Ländern daran liegen, dass man bestimmte Merkmale bei der Zucht explizit gefördert hat. So wurde besonders auf bestimmte Merkmale wie Größe, Wachstumsgeschwindigkeit und Resistenz gegenüber Krankheiten und schwankenden Witterungsbedingungen geachtet und Tiere die diese Kriterien erfüllten, wurden dann hauptsächlich für die Zucht verwendet. Für die Vermutung, dass es dadurch der Nutria in Europa möglich gewesen ist, sich schnell zu etablieren, gibt es jedoch bisher nur wenig bedeutsame Belege (BIELA 2008). Ein möglicher Anhaltspunkt wurde in Kapitel 3.3 vorgestellt: Die besonders großen und schnellwüchsigen Exemplare der Nutria (vgl. Abb. 2, S. 11) wären somit prädestiniert dafür in der Wildnis neue Populationen erfolgreich zu gründen (GUICHÓN ET AL. 2003).

Durch die Vermutung, dass Großteile der europäischen Nutriapopulationen von nur einer Unterart aus Südamerika abstammen und ebenso durch die Vermutung, dass nur sehr spezielle Typen von ihnen in Europa gezüchtet wurden, liegt auch die Vermutung nahe, dass die meisten eingeführten wildlebenden Tiere genetisch verarmt seien müssten. Dies wurde bisher sowohl in den USA, als auch in Europa nur unzureichend untersucht. Häufig wird vermutet, dass durch den kontinuierlichen Ausbruch der Nutrias über Jahre hinweg immer wieder neue Gene in die Gründerpopulationen in freier Wildbahn gelangten. In Maryland und Deutschland entkamen nach und nach immer wieder Nutrias aus Fellfarmen über einen Zeitraum von vielen Jahren. Man kann jedoch nicht zwangsläufig davon ausgehen, dass auch wirklich neue Gene in die wilden Populationen gelangten, weil die ausgebrochenen Tiere möglicherweise bereits in einer verwandtschaftlichen Beziehung mit den wildlebenden Tieren standen. Damit ist speziell dann zu rechnen, wenn die ausgebrochenen Tiere und die bereits wild lebenden vom gleichen Betrieb stammen (BIELA 2008).

Vergleich zu Biber und Bisam

Neben den in Kapitel 4.2. beschriebenen Unterschieden von Nutria und Biber gibt es noch einen weiteren Unterschied: Während bei der Nutria eine Schwimmhaut zwischen dem 4. und 5. Zeh der Hinterbeine fehlt, besitzt der Biber zwischen allen Zehen ausgeprägte Schwimmhäute. Möglicherweise liegt das partielle Fehlen bei der Nutria an den Landwanderungen, die aperiodisch unternommen werden. Man geht generell davon aus, dass sich Nutrias häufiger an Land aufhalten als Biber (DVWK 1997).

Ob es eine nennenswerte Konkurrenz zu anderen semiaquatisch lebenden Nagetieren in Deutschland gibt, könnte wahrscheinlich am ehesten nur für den Bisam gelten, wobei hier davon auszugehen ist, dass die Nutria dominanter und durchsetzungsfähiger ist. Deswegen behauptet man auch, dass die Nutria in der Lage ist, mancherorts Biber und Bisam zu verdrängen (SCHÜRING 2010). Gegenüber dem Bisam verhält sich die Nutria häufig recht aggressiv, weshalb ein Rückgang des Bisam in Nutriagebieten verzeichnet wird. Auch gegenüber dem Biber gibt es vereinzelt Konkurrenzsituationen, wenn die Nutria beispielsweise Biberbauten besetzt (STUBBE ET AL. 2009).

Bei der Situation zwischen Bisam und Nutria kann man am ehesten von Nahrungskonkurrenz sprechen, da sie die ähnlichsten Präferenzen, z.B. mit Schilf oder Glanzgras, besitzen. Unterschiede bestehen jedoch bei Wasserrosen, Kalmus und Wasserstern, die vom Bisam gemieden werden (ZAHNER 2001). Diese Konkurrenz um ähnliche Nahrungspflanzen zeigt sich besonders im Winter, einer Zeit des Nahrungsmangels (RUYS ET AL. 2011). Lediglich im Sommer greifen die Nahrungsnischen aller drei Arten problemlos ineinander (ZAHNER 2001). Generell kann man davon ausgehen, dass zwischen den beiden heimischen semiaquatischen Säugetieren Biber und Schermaus, noch Platz für zwei ökologische Nischen von Bisam und Nutria war. Dies liegt möglicherweise am enormen Größenunterschied von Biber und Schermaus, welcher natürlicherweise unterschiedlichste Lebensraumbedürfnisse mit sich bringt. Es wird erwartet, dass alle vier semiaquatischen Säugetiere in Deutschland in Zukunft zusammen leben können, trotz möglicher Konkurrenzsituationen (DVWK 1997). Ob der Bisam durch die immer häufiger auftretende Konkurrenz durch die Nutria dauerhaft verdrängt werden kann, bleibt abzuwarten, scheint aber eher unwahrscheinlich.

Ökologie

Ein großes Problem, das die Nutrias u.a. in Deutschland verursachen, ist das häufige Schädigen landwirtschaftlicher Gesellschaften sowie natürlicher Vegetationen. Um den Fraßdruck der Nutrias auf die Vegetation zu erfassen, entwickelte man in Louisiana ein Modell, das aufzeigt, wie hoch die Nutriadichte dort sein kann, bevor die Vegetation eingeht und dem Druck nicht mehr stand hält. Es konnte gezeigt werden, dass ab einer bestimmten Dichte pro Hektar die Erholungsfähigkeit der Vegetation nicht mehr gewährleistet war. Solch ein Modell wäre sicherlich auch für Deutschland wünschenswert, jedoch lässt es sich nicht ohne weiteres von Louisiana auf unsere heimischen Gefilde übertragen, da es sich in den USA auf ein großes Feuchtgebiet bezieht und sich die Vegetationsstruktur vollkommen von der in Deutschland unterscheidet. Weiterer Schwachpunkt dieses Modells ist der Bezug zu geschlossenen Populationen, was aber im vorliegenden Fall bei Nutrias nicht gegeben ist, da es sich in freier Wildbahn um offene Populationen handelt (CARTER ET AL. 1999). Dennoch wäre eine Angleichung an europäische beziehungsweise deutsche Vegetationsverhältnisse sicherlich möglich und auch wünschenswert.

Bei urbanen Nutriapopulationen können einige Verhaltensänderungen im Vergleich zu wild lebenden Tieren belegt werden. Neben vollkommen anderen Aktivitätsmustern als denen in freier Wildbahn, ist die Zutraulichkeit zum Menschen ein besonderes Merkmal. Die Tiere verlieren in urbanen Räumen fast vollständig ihre Scheu vor dem Menschen, da dieser sie häufig füttert (vgl. Abb. 38; SCHÜRG-BAUMGÄRTNER 1990; HEIDECKE & RIECKMANN 1998; MEYER 2001; MEYER ET AL. 2005; STADT PFORZHEIM AMT FÜR UMWELTSCHUTZ 2011).

Abbildung 38: Zutrauliche Nutrias in direktem Kontakt zum Menschen in einem Park bei Mörfelden, Hessen (von WWW.NATURGUCKER.DE)

In urbanen Räumen sind die Tiere nicht, wie natürlicherweise nachtaktiv, sondern tagaktiv. Dies lässt auf eine an den Menschen orientierte Anpassung schließen, da es tagsüber in der Regel zu Fütterungen kommt (HEIDECKE & RIECKMANN 1998; BRAINICH 2008; STUBBE ET AL. 2009; STADT PFORZHEIM AMT FÜR UMWELTSCHUTZ 2011; WALTHER ET AL. 2011; NENTWIG 2011; WIEGEL ET AL. 2011). Dies kann sogar so weit gehen, dass nächtliche Aktivitäten vollkommen eingestellt werden, wie man bei Untersuchungen in Saalfeld feststellen konnte (MEYER ET AL. 2005). Die Abwesenheit vieler nachtaktiver Prädatoren, sowie eine günstigere Thermoregulation sind weitere Vorteile der urbanen Tagaktivität (MEYER 2001).

Es findet also eine Verhaltensänderung der Tiere durch passive und aktive Maßnahmen des Menschen statt. Diese Verhaltensänderung bleibt jedoch nur solange aktiviert, wie sich die Tiere auch in urbanen Umgebungen aufhalten. Die Nachkommen der Farmtiere in Deutschland und Europa, sowie die abwandernden Tiere aus urbanen Räumen, entwickeln sich ausgewildert sukzessiv wieder zu dämmerungs- und nachtaktiven Tieren mit höherer Fluchtdistanz als noch in der Stadt (HEIDECKE & RIECKMANN 1998).

Eine weitere Verhaltensänderung, die durch die Besiedelung urbaner Räume gegeben ist, bezieht sich auf die Reproduktion. Beobachtungen aus Saalfeld legen die Vermutung nah, dass durch die günstigen Ernährungsbedingungen in urbanen Gebieten die Reproduktion bereits früher einsetzen kann und somit auch die Vermehrung sich möglicherweise erhöht (MEYER 2001). Auch liegt der Verdacht nah, dass der generelle Reproduktionszyklus beim günstigen Mikroklima der Stadt kürzer ist und auch dadurch die Vermehrung erhöht ist.

Bei der natürlichen Ernährung der Tiere kommen verschiedene Autoren zu unterschiedlichen Ergebnissen (ABBAS 1991; ELLIGER 1997; DVWK 1997; D'ADAMO ET AL. 2000; KINZELBACH 2001; PRIGIONI ET AL. 2005; PANZACCHI ET AL. 2007 COLARES ET AL. 2010). So werden bei der Hauptnährung jeweils unterschiedliche Pflanzen genannt. Dies liegt freilich an den Unterschieden der untersuchten Habitate. Die Vegetation variierte bei diesen Untersuchungen von Sumpfvegetation, über Ufervegetation von breiten Flüssen, über schmale Flüsse bis hin zu stehenden Gewässern. Hier findet man auch je nach Wasserqualität verschiedene Pflanzengesellschaften vor. Daraus lässt sich folglich eine generalistische Nahrungsweise der Tiere ableiten, die an den verschiedensten Habitaten unterschiedliche Pflanzen zu sich nehmen können. Einigkeit zwischen den Autoren bestand jedoch in der Tatsache, dass bei weniger vorhandener Wasservegetation logischerweise vermehrt auf terrestrische Vegetation und bei Vorhandensein auch auf landwirtschaftliche Erzeugnisse zurückgegriffen wurde (ABBAS 1991; DVWK 1997; D'ADAMO ET AL. 2000; GUICHÓN ET AL. 2003; PRIGIONI ET AL. 2005; CORRIALE ET AL. 2006; COLARES ET AL. 2010).

Einen interessanten Zusammenhang stellen CORRIALE ET AL. (2006) her, die davon ausgehen, dass die Nutria an Gewässern mit kaum bis gar keiner Wasservegetation Baue und Höhlen baut, während bei Gewässern mit vermehrter Wasservegetation Nester angelegt werden und keine Baue.

Da die Nutria auch in der Lage ist, suboptimale Gebiete zu besiedeln, kommt sie somit auch in Gebieten vor, wo es nur wenig bis gar keine Wasservegetation gibt, wenn jedoch genügend Uferpflanzen oder andere terrestrische Pflanzen zur Verfügung stehen. Die Autoren sind sich einig, dass die Nutria für gewöhnlich zur Nahrungssuche in der Nähe des Gewässers bleibt (ABBAS 1991; DVWK 1997; D'ADAMO ET AL. 2000; GUICHÓN ET AL. 2003; PRIGIONI ET AL. 2005; COLARES ET AL. 2010). Dieser Zustand gilt jedoch nur, solange dort ausreichend Nahrung vorhanden ist. Selbst bei direktem Angrenzen an eine landwirtschaftliche Fläche, bleibt diese normalerweise bei ausreichend natürlicher Nahrung von der Nutria unangetastet (GUICHÓN & CASSINI 2005). Durch diese Beobachtungen kann man also vermuten, dass die Tiere kein generelles Interesse an landwirtschaftlichen Erzeugnissen haben, wenn genügend natürliche Nahrung vorhanden ist. Die Problematik liegt darin begründet, dass die Tiere auch suboptimale Gebiete besiedeln können, in denen wenig natürliche Nahrung vorhanden ist und es womöglich Landwirtschaft in der Nähe gibt. Diese wird dann ins Nahrungsspektrum der Tiere aufgenommen.

Nutrias besitzen ein vielfältiges Lautäußerungsrepertoire (vgl. Kapitel 4.4.4.). Dies liegt möglicherweise daran, dass sie durch die semiaquatische Lebensweise viel Zeit im Wasser verbringen, wo nur Kopf und Schwanz herausschauen und dort somit Gestikulation als Kommunikationsmittel ausscheidet. Daher sind sie auf verschiedene Laute als Verständigungstyp untereinander angewiesen (SCHÜRG-BAUMGÄRTNER 1990).

Eine andere Mutmaßung zum Status der Nutria tätigten DONCASTER ET AL. (1990), die davon ausgehen, dass die semiaquatische Lebensweise der Nutrias nur noch ein Art Überbleibselanpassung an ihr ursprüngliches Verbreitungsgebiet darstellt. Primär soll das Wasser sie im Sommer vor Überhitzung sowie generell vor Prädatoren schützen. Dies zeigt auch die Möglichkeit der Thermoregulation an Schwanz und

Füßen (vgl. Kapitel 4.1.). In den meisten Ländern, in denen die Nutria eingeführt wurde, hat sich gezeigt, dass die Nutria nicht nur auf aquatische Pflanzen als Nahrung angewiesen ist, da sie ohne weiteres auch terrestrische verspeisen kann. Weiterhin können die Tiere auch ohne Wasser ihr Jungen groß ziehen und es gibt in den eingewanderten Ländern meist weniger potenzielle Prädatoren. Heiße Sommer über 35°C sind in Europa ebenfalls eher die Ausnahme (DONCASTER ET AL. 1990). Auch die Tatsache, dass der Nutria zwischen dem vierten und fünften Zeh die Schwimmhaut fehlt und sie häufiger als Biber und Bisam Landgänge unternimmt, sprechen für diese These (DVWK 1997). DONCASTER ET AL. (1990) gehen also davon aus, dass die Nutria nicht mehr so einfach zu den semiaquatischen Säugetieren gezählt werden kann, die auf den Lebensraum Wasser angewiesen sind. Vielmehr behaupten sie, dass die Nutria im Lebensraum Wasser leben kann, es aber nicht zwangsweise muss, wie etwa Biber oder Bisam. Hier können nur Langzeitbeobachtungen und Dauerversuche Aufschluss über eine mögliche Entwicklung der Nutria weg vom semiaquatischen Organismus hin zu einem terrestrischen Organismus mit Vorliebe für das Wasser geben.

Ausbreitung

Was bei der Ausbreitung der Nutria in Abbildung 17 (S. 44) auffällt, ist die immense Zahl an Beobachtungen, besonders im Osten Deutschlands. Dies liegt in der Vielzahl der damaligen Fellfarmen begründet, die über große Teile des Landes verstreut und besonders im Osten konzentriert waren. Aus diesen Farmen gelang den Tieren entweder die Flucht, oder sie wurden frei gelassen (KLAPPERSTÜCK 2004). Weiter ist zu erkennen, dass es möglicherweise drei bis vier Ausbreitungspunkte im Westen und Südwesten Deutschlands gab. Die erste Ausbreitung erfolgte ganz im Westen von Nordrhein-Westfalen. Diese drei Gründerpopulationen dort, von ca. 1935, stammten aus Fellfarmen (DVWK 1997). Die zweite und dritte ersichtliche Ausbreitung vollzog sich im Süden von Rheinland-Pfalz und im Westen Baden-Württembergs. Mit sehr großer Wahrscheinlichkeit stammt eine Vielzahl von diesen Tieren aus dem benachbarten Frankreich (ZAHNER 2004). So ist davon auszugehen, dass die ersten freilebenden Nutrias bereits zwischen 1880 und 1890 über die Grenze nach Deutschland gelangten, sich dort jedoch zunächst nicht dauerhaft etablieren konnten (KINZELBACH 2001). Man kann also davon ausgehen, dass diese Vorkommen in Rheinland-Pfalz und Baden-Württemberg die einzigen Nutrias in Deutschland waren, die auf „natürlichem" Wege selbstständig nach Deutschland eingewandert sind und also nicht aus Fellfarmen in Deutschland ausbrachen oder freigelassen wurden.

Die ersten Freilandnachweise im Osten des Landes stammen von der Weißen Elster bei Leipzig aus dem Jahre 1945 (KLEIN 2007; ARNOLD 2011). Die Daten im Osten Deutschlands sind wesentlich zahlreicher als im Westen. Dies liegt u.a. an STUBBE (1992), der sehr viele Daten über Fundpunkte zusammentragen konnte. Eindeutig ist aber die erwähnte hohe Anzahl von Fellfarmen im Osten von Deutschland zu nennen, von denen es immer wieder zu Ausbrüchen und Freilassungen kam. So konnten sich die Tiere besonders im Osten von verschiedensten Ausgangspunkten weiter ausbreiten. Begünstigt wurde die Ausbreitung in Brandenburg und Mecklenburg Vorpommern durch die Vielzahl an Seen, Flüssen und kleinen Bächen. Was weiter auffällt, ist die besondere Vielzahl der Beobachtungen zur Zeit der DDR, wo vermutlich die Pelztierzucht eine größere Rolle gespielt hat, als in der BRD. Auch STUBBE (1992) empfahl bereits aufgrund der vermehrten Ausbreitung, ein rigoroses Gesamtmanagement beim Umgang mit der Nutria sowie intensive Kontrollmaßnahmen.

Die Verbreitungen in der Mitte des Landes sind noch nicht eindeutig nachvollziehbar. So besteht bei den dortigen Verbreitungen die Möglichkeit, dass sie entweder aus den Vorkommen des Westens stammen, oder aber aus dem Osten. Auch die Neugründung von Populationen durch Fellfarmausbrüche ist bei diesen Punkten denkbar. Ebenso ist die Frage nach der nur äußerst spärlichen Ausbeute an Fundpunkten im Westen des Landes bisher nicht hinreichend beantwortet.

Generell kann von dieser Karte keine allgemeine Ausbreitung der Nutria abgeleitet werden. So ist es nicht ohne weiteres möglich, bei Fundpunkten, die näher zusammen liegen, daraus abzuleiten, dass sich das Tier von dem einen Fundpunkt zum anderen natürlich ausgebreitet hätte. Denn hinter einer Vielzahl der in der Karte abgebildeten Fundpunkte stecken Ausbrüche oder absichtliche Aussetzungen aus Fellfarmen. Dies gilt besonders für den ostdeutschen Raum, aber auch für Westdeutschland. Es ist schwierig bis nahezu unmöglich, aus den Fundpunkten abzuleiten, ob sich dahinter eine Fellfarm verbirgt, oder aber eine natürliche Verbreitung von schon vorhandenen Vorkommen in der Wildnis. Für eine genauere Aussage über die mögliche Ausbreitung der Nutria in Deutschland bräuchte es umfangreiche Daten sämtlicher damaliger Fellfarmen in Gesamtdeutschland, sowie deren genaue Standpunkte. Deshalb soll die Abbildung lediglich eine grobe anschauliche Übersicht, über das Auftreten der Nutria in Deutschland in den unterschiedlichen Jahren bieten.

Will man der Frage nachgehen, warum sich die Nutria in Deutschland so erfolgreich hat ausbreiten können, so kann man letztendlich auf mehrere wichtige Faktoren kommen. Die Anzahl der Fellfarmen, unkontrollierte Freilassungen, das Vorhandensein einer Vielzahl geeigneter Habitate, die generalistischen Nahrungsansprüche, die hohe Reproduktivität, die geringe Zahl an Prädatoren, die gut ausgebauten Verbundsysteme von Kanälen und Wasserstraßen in Deutschland, sowie der geringe Druck durch die menschliche Jagd spielen die wichtigsten Rollen in Deutschland, welche eine so erfolgreiche Ausbreitung der Nutria begünstigt haben (STUBBE 1992; DVWK 1997; HEIDECKE & RIECKMANN 1998; SCHMIDT 2001; ZAHNER 2001; HEIDECKE ET AL. 2001; KLAPPERSTÜCK 2004; BIELA 2008; SCHÜRING 2010).

Einfluss auf das Ökosystem

Es gibt durchaus berechtigte Vermutungen, dass die Nutria allochthone Tierarten in Deutschland verdrängen kann und könnte (vgl. Kapitel 6). Bisher gibt es dafür jedoch nur unzureichende Belege und meist nur Vermutungen. Zum Beispiel führt die Frage, ob Nutrias den heimischen Biber verdrängen, zu unterschiedlichen Antworten. Jedoch muss man feststellen, dass es für Verdrängungsprozesse durch die Nutria bisher kaum Beweise gibt, wohl jedoch von Duldung und möglichem Zusammenleben, beispielsweise mit Bibern. Die beiden Arten leben am unteren Isarabschnitt in Bayern mehr oder weniger zusammen im gleichen Gebiet. Diese Beobachtung kann vorsichtig genutzt werden, um von einer geringen Konkurrenz beider Arten auszugehen (ZAHNER 2004).

Auch muss überlegt mit verallgemeinernden Aussagen zur Vegetationsstörung durch Nutrias umgegangen werden, da nicht alle Schäden oder Vegetationsveränderungen durch sie ausgelöst werden. So ist etwa die Verdrängung von Röhrichten durch Kalmus oder durch Teichrosen, wie es an Rur und deren Auen vorgekommen ist, ein Indiz für Bisamvorkommen, die Teichrosen und Kalmus verschonen (SCHMIDT 2001). Ein nicht zu unterschätzender Faktor bleibt der Einfluss, den die Nutria bei der Verschleppung von Arten hat. Neben der Epizoochorie wird der Nutria auch eine potenzielle Endozoochorie unterstellt, was bisher jedoch nur vermutet wird (WATERKEYN ET AL. 2010). Diese Verschleppung geschieht freilich nur auf einem sehr großen Maßstab, weil die Nutria für gewöhnlich keine wirklich langen Strecken zurücklegt, obgleich die möglichen Folgen nicht unbeachtet bleiben sollten.

Generell wird für Neobiota vielfach geäußert, dass ihr Einfluss eine Homogenisierung von Faunenregionen fördert und zu einer Verarmung der genetischen Diversität führen kann (KINZELBACH 1995). Diese, durch Neobiota homogenisierte, Fauna soll größeren Einfluss auf die schwindende Biodiversität haben, als das „klassische" Aussterben von einzelnen Arten. Als ein Teil der Neobiota gelten diese sehr generellen Vorwürfe natürlich auch für die Nutria, konnten bisher jedoch nicht ausreichend belegt werden. Dass die Nutria ihre natürliche Umwelt mal mehr und mal weniger stark beeinflusst, wurde durch Kapitel 6 bereits aufgezeigt. Es scheint, dass die negativen Einflüsse durch Parasitosen, Floraverarmung, Kahlfraß, dadurch hervorgerufene Erosionen, sowie Vergrämung anderer Tierarten die wenigen positiven Einflüsse, wie das Schaffen neuer Lebensräume, überlagern (EHRLICH 1969; BETTAG 1988; SCHMIDT 2001; DOLCH & TEUBNER 2001; KINZELBACH 2001; KRAFT & VAN DER SANT 2002; BAROCH & HAFNER 2002; ZAHNER 2004; ATKINSON 2005; JOJOLA ET AL. 2005; LOUISIANA DEPARTMENT OF WILDLIFE AND FISHERIES 2007; BIELA 2008; BARRAT ET AL. 2010; SCHÜRING 2010; RUYS ET AL. 2011). Dennoch fehlen beispielsweise für die Verdrängung anderer Tierarten in Deutschland bisher eindeutige Nachweise.

Schäden

Generell wird für Deutschland angenommen, dass die durch Nutrias verursachten Gesamtschäden, deutlich kleiner sind, als die durch Bisams verursachten Schäden. Dies wurde bisher vorwiegend damit begründet, dass die Bisams in Deutschland weiter verbreitet sind (GEBHARDT 1996). Dies kann jedoch heute nicht mehr so stehen gelassen werden, da die Nutria mittlerweile ähnlich weit verbreitet ist in Deutschland. In anderen Studien werden zumindest die wasserwirtschaftlichen Schäden durch Nutrias schwerwiegender als beim Bisam eingeschätzt (HEIDECKE ET AL. 2001).

Die Schäden, die in Europa und anderen Teilen der Welt, wo die Nutria eingeführt wurde, an der Landwirtschaft entstehen, kommen in ihrem Ursprungsgebiet in Südamerika nur sporadisch vor (BORGNIA ET AL. 2000; GUICHÓN & CASSINI 2005; CORRIALE ET AL. 2006). Eine mögliche Ursache hierfür könnten die dort breiteren, ungenutzten Randstreifen zwischen landwirtschaftlichen Flächen und Gewässern sein (GUICHÓN & CASSINI 2005). Dieser Gürtel stellt häufig eine potenzielle Nahrungsquelle für Nutrias dar und fehlt in den meisten landwirtschaftlich genutzten Gebieten Europas. Ein weiterer Grund ist möglicherweise das reichhaltige Nahrungsangebot am Grund der Gewässer in Südamerika und an deren Ufern. In Europa nutzen

Nutrias wesentlich häufiger landwirtschaftliche Erzeugnisse, da ihnen ihre ursprüngliche Nahrung fehlt und meist nicht genügend Alternativnahrung zur Verfügung steht (D'ADAMO ET AL. 2000; BORGNIA ET AL. 2000).

Auch PRIGIONI ET AL. (2005) gehen davon aus, dass landwirtschaftliche Pflanzenschäden nur auftreten, wenn zu wenig Wasserpflanzen und Ufervegetation am Standort vorhanden sind.

Das Gleiche galt auch lange Zeit für Länder wie etwa Japan und Dänemark, wo die Nutria ebenso wie in ihrem Ursprungsgebiet nicht als Plage oder Schädling auftrat (LONG 2003 in SIMBERLOFF 2009). Vermutlich lag dies in Dänemark aber an den nur gering auftretenden Abundanzen der Tiere. In Japan hat sich diese Situation in den letzten Jahrzehnten jedoch drastisch geändert, da die Nutria besonders in den Präfekturen Okayama und Hyogo in tausenden landwirtschaftlichen Gemeinschaften mittlerweile als Schädling auftritt und mit Hilfe von Kontrollprogrammen bekämpft wird. Die Jagdstrecke hatte sich in knapp zehn Jahren allein in der Präfektur Hyogo mehr als verdoppelt (EGUSA & SAKATA 2009).

In Deutschland und anderen Ländern der Einführung hingegen gibt es ebenso immer wieder Berichte und Beobachtungen von Schädigungen der Nutrias an landwirtschaftliche Flächen. Dieses Verhalten soll auch aus der jahrelang intensiv betriebenen Farmhaltung herrühren, wo häufig Mais und Zuckerrüben verfüttert wurden, die ja bekanntlich in Deutschland auch angebaut werden (STUBBE ET AL. 2009).

Es bleibt also festzuhalten, dass in Deutschland sehr wohl nennenswerte wirtschaftliche Schäden auftreten (vgl. Kapitel 7). Genaue Daten und Zahlen über Schäden an der Landwirtschaft und an Deichen, Ufern und Dämmen liegen jedoch nur sehr spärlich und vereinzelt vor. Dennoch geben die meisten Autoren zumindest pauschal an, dass die Nutria Schäden verursacht, nennen dafür auch Bespiele, können diese jedoch meist nicht mit konkreten Zahlen belegen (DVWK 1997; NIEWOLD & LAMMERTSMA 2000; KINZELBACH 2001; SCHMIDT 2001; DEUTZ 2001; BROWN 2002; BAROCH & HAFNER 2002; ATKINSON 2005; JOJOLA ET AL. 2005; BAKER 2006; XU ET AL. 2006; PANZACCHI ET AL. 2007; SHEFFELS & SYTSMA 2007; STUBBE ET AL. 2009; WATERKEYN ET AL. 2010; JOHANSHON 2011; MARINI ET AL. 2011; WALTHER ET AL. 2011; STADT PFORZHEIM AMT FÜR UMWELTSCHUTZ 2011; BERTOLINO ET AL. 2012)

Management

Um erfolgreiche Kontrollmechanismen in Deutschland und anderen Länder integrieren zu können, bedarf es ausgiebiger Forschung. Bevor man jedoch irgendwelche Aussagen über mögliche Kontrollmethoden trifft, muss zunächst klar sein, wie man Nutrias untersuchen beziehungsweise erfassen kann. Dies steht meist am Anfang aller Beobachtungen, aus denen sich dann die möglichen Konsequenzen ableiten lassen. Man muss sich also über geeignete Erfassungsmethoden im Klaren sein. Beispielsweise können für Kurzzeituntersuchungen am Schwanz befestigte Transmitter das geeignete Mittel der Wahl sein (vgl. Kapitel 8.2.). Diese sind besonders für die Befestigung am Nutriaschwanz geeignet, da dieser kreisrund ist und nicht wie bei Biber und Bisam wesentliche Koordinationsfunktionen beim Schwimmen besitzt. Diese am Schwanz befestigten Sender eignen sich besser als die herkömmlichen Halsbandsender oder die aufwändigen Implantate. Die häufig auftretende Dermatitis bei Halsbandsendern und der hohe Aufwand der implantierten Sender fallen somit weg. Jedoch muss die Frage der möglichen Hautirritationen durch die Sender am Schwanz noch geklärt werden (MERINO ET AL. 2007).

Was noch fehlt, sind Markierungsmöglichkeiten, die für Langzeitstudien geeignet sind, die man visuell erfassen kann – um Stress durch Wiederfang bei PIT-markierten Tieren zu vermeiden - und die das Tier nicht beeinträchtigen. Hier könnten evtl. wieder ältere Methoden ins Spiel kommen: Namentlich die Bleichung des Fells. Diese Bleichung wäre für Langzeitstudien gut geeignet und ist visuell erfassbar. Jedoch gibt es dafür bisher von behördlicher Seite in Deutschland keine Genehmigung (MEYER 2006).

Was man bei den Erfassungsmethoden beachten muss, sind die möglichen auftretenden Probleme beim Fallenfang. Es kann beispielsweise sein, dass die Tiere im Laufe von Untersuchungszeiträumen lernen, die Fallen zu umgehen. Wenn sie bereits gefangen wurden, nimmt die Fallenscheu oft weiter zu (KLEMANN 2001). Auch besteht häufig die Gefahr von „Traumata", die durch das Fangen bei den Tieren entstehen können. Dies kann bei Besenderungen oft dazu führen, dass versucht wird, sich aktiv von den Sendern zu befreien. Es wird daher vermehrt vorgeschlagen, die Tiere zu betäuben, wenn sie gefangen werden, um Traumata zu minimieren (HARAMIS & WHITE 2011).

Da es in Deutschland bisher noch immer keine geregelten Kontrollmechanismen für die Nutria gibt, erfolgen sowohl die Jagd, als auch einzelne Maßnahmen in den Bundesländern sehr willkürlich. Es gibt keine Gruppe von Jägern, die sich etwa auf Nutrias spezialisiert hätten. Oftmals übernehmen Bisamjäger diese Aufgabe (JOHANSHON 2011). Dadurch wird in den unterschiedlichen Bundesländern auch eine differenzierte Bewertung über die Nutria getroffen. Je nachdem, wie hoch bestimmte, durch Nutrias verursachte Schäden sind, desto mehr oder weniger wird darauf mit Jagd- oder Kontrollmethoden reagiert. Auch spielt die Begehbarkeit des Jagdgeländes eine wesentliche Rolle, was bedeutet, dass unwegsames Gelände von den Jägern häufig gemieden wird. Daraus resultiert folglich nur eine selektive Bejagung, da manche Gebiete also vollkommen ausgespart werden (vgl. GUICHÓN & CASSINI 2005).

Der sprunghafte Anstieg der Jagdstrecken ab 2008/09 (vgl. Abb. 18 und 19, S. 48,49) könnte aus Reaktionen durch die Öffentlichkeit sowie Naturschutzverbänden und Umweltämtern entstanden sein. Möglicherweise ist die Nutria in der besagten Zeit erst richtig ins Licht der Öffentlichkeit gerückt. Die größten Teile der Jagdstrecke beziehen sich auf nur zwei Bundesländer: Niedersachsen und Nordrhein-Westfalen. Daraus kann abgeleitet werden, dass die Jagd in diesen beiden Ländern eine wesentlich größere Bedeutung hat, als in allen anderen Bundesländern, wo die Nutria zweifelsfrei ebenso wildlebend vorkommt. In Rheinland-Pfalz beispielsweise kommen Nutrias nachweislich vor, doch gibt es dort bisher keine Jagdstrecke. Möglicherweise kommen Nutrias in Nordrhein-Westfalen und Niedersachsen in so großer Zahl vor, dass es zu erheblichen Schäden gekommen ist und somit die Jagdbemühungen ab 2008/09 wesentlich erhöht wurden. Dies deckt sich auch mit den ersten Vorkommen der Nutria in Deutschland, die ja in Nordrhein-Westfalen und Baden-Württemberg lagen.

Wie hier ersichtlich wird, ist die Aussagekraft der Jagdstrecken besonders für die Nutria in Deutschland noch sehr gering. Bei kontrollierten und organisierten Jagdstrecken über mehrere Jahre könnte man eine zuverlässigere Aussage über die Entwicklung der Tiere in Deutschland und den einzelnen Bundesländern treffen. Dazu müsste jedoch möglichst in sämtlichen Bundesländern Einigkeit über das weitere Vorgehen mit *Myocastor coypus* in Deutschland herrschen.

Schwierig und nicht unumstritten bleibt die Aufnahme der Nutria ins Jagdrecht, da die Jägerschaft so für Wildschäden haftbar gemacht werden könnte, weshalb sich einige Bundesländer weiterhin dagegen sperren. Um strukturierte Jagdmaßnahmen zu erhalten, könnte man auf Dauer die bisher tätigen Bisamjäger zusätzlich mit der Aufgabe der Nutriajagd offiziell beauftragen (KINZELBACH 2001). Dies liegt insofern auch auf der Hand, da die Nutria schon jetzt sehr häufig die Bisamjagd beeinflusst, indem sie den Bisamfang behindern. Nutrias werden oft durch die Köder der Bisamfallen angelockt und lösen diese meist ohne Konsequenz für sie aus und verschwinden dann (PELZ ET AL. 1997). Durch die zusätzliche Spezialisierung der Bisamjäger auf Nutrias, könnte man solche Misserfolge möglicherweise verringern. Auch ist die Nutriabejagung im Vergleich zur Bisamjagd einfacher durchzuführen, da Nutrias größer sind, eine höhere Ortstreue besitzen und insgesamt einen höheren Anreiz als Jagdbeute bieten (KINZELBACH 2001).

Vermutlich ist man sich über die Maßnahmen gegen Nutrias in Deutschland nicht einig, weil man sich nicht sicher ist, ob Jagd- und Kontrollmechanismen überhaupt etwas bewirken. So wird bei Bisam und Nutria häufig generell darüber debattiert, wo überhaupt verstärkte Maßnahmen sinnvoll sind. Bei Versuchen im Emsland konnte nachgewiesen werden, dass die Verfolgung und der Fang von Bisams keine Dichte korrigierende Wirkung zeigt. Denn Bisams können, genau wie Nutrias, auf erhöhte Fangzahlen mit erhöhter Reproduktionsrate reagieren. So ist eine Verfolgung auch bei Bisams nur in bestimmten Problemgebieten ökonomisch sinnvoll (SCHÜRING 2010). Aus solchen Untersuchungen lässt sich die weitverbreitete Unschlüssigkeit über den Nutriaumgang in Deutschland ableiten. Doch ohne eine generelle bundesweite Einigung beim Umgang mit der Nutria bleibt der Erfolg der Maßnahmen weiterhin sehr heterogen verteilt.

Management, Kontrollmaßnahmen und Ausrottung bedürfen generell einer sehr guten Planung, Durchführung und Dokumentation. Ferner sollte die Bevölkerung von Anfang an in die Pläne mit einbezogen werden. Schließlich sollte nach und nach eine Erfolgskontrolle in Form von Monitorings durchgeführt werden. Durch die in den Konventionen und im Naturschutz- und Jagdgesetz festgehaltenen Regeln, könnte man leicht ableiten, dass insgesamt in Zukunft die Jägerschaft gefordert sein sollte, diesen gesetzlichen Forderungen nachzukommen und die Nutria professionell und strukturiert zu verfolgen (DVWK 1997).

Plakativ bleibt festzuhalten, dass sich die Nutria sowohl laut Bundesjagdgesetz, als auch nach Bundesnaturschutzgesetz „illegal" in Deutschland aufhält und somit ein Abschuss legitim ist. Die drei Gesetze Jagd, Naturschutz und Tierschutz bieten klare Aussagen, die einer Duldung der Nutria in Deutschland widersprechen.

Nicht zu Letzt sollte der Mensch bei urbanen Populationen zum Schutz der Tiere und der Gewässer auf Fütterungen verzichten (vgl. Abb. 39; STADT PFORZHEIM AMT FÜR UMWELTSCHUTZ 2011).

Abbildung 39: Fütterung von Nutrias meist mit Küchenabfällen in urbanen Räumen (aus NENTWIG 2011)

Durch einen solch engen Kontakt zwischen Nutria und Mensch wird es für Behörden auch schwierig, erfolgreiche Jagd- oder Ausrottungskampagnen zu starten. Es besteht die Gefahr, dass die Nutria zu einer Art Sympathieträger wird, wodurch Kampagnen gegen die Tiere möglicherweise durch die Öffentlichkeit verhindert werden könnten.

Nicht nur Deutschland muss einen durchdachten Kontrollplan zum Nutriabestand entwickeln, sondern auch andere Länder wie Italien können auf Grund der zunehmenden Schäden ein Kontrollprogramm nicht mehr außer Acht lassen (MARINI ET AL. 2011). Sollten sich die Nutrias trotz intensiver Kontrollmaßnahmen dort weiter ausbreiten können, was in Nord- und Zentralitalien aufgrund geeigneter Lebensräume durchaus denkbar ist und teilweise auch belegt werden konnte (BERTOLINO & INGEGNO 2009), könnten sich dauerhafte Managementkosten von ca. 12 Mio. € pro Jahr anhäufen (PANZACCHI 2007).

Ein Problem in Italien, um einen dauerhaften Erfolg zu erzielen, ist wie in Deutschland das Problem der Zuständigkeit. Auch hier gibt es unterschiedliche Behörden, die in verschiedenen Regionen Italiens mit dem Problem der Nutrias jeweils anders umgehen. Weiterhin besteht unter der italienischen Bevölkerung, speziell bei betroffen Farmern, Unklarheit über den Status der Nutriakontrollen und es fehlen ihnen auch sonst verschiedenste Informationen zum Thema. Häufig werden sie mit den Schäden, die die Tiere verursachen, allein gelassen. Hier bedarf es einer enormen Aufklärungsarbeit seitens der Behörden. Denn dann könnten mit Hilfe der Bevölkerung, die direkt neben den Nutrias lebt, wirkungsvolle Kontrollmechanismen ausgearbeitet werden (COCCHI & RIGA 2008; ADRIANI ET AL. 2011).

Man sollte sich bei zukünftigen Kontrollmaßnahmen am Erfolg der Ausrottungskampagne in England orientieren, der in dem andauernd hohen Jagddruck auf die Nutrias über Jahre hinweg begründet liegt, welcher durch finanzielle Anreize der Regierung für die Jäger gewährleistet wurde, sowie in den gut durchdachten Monitoringmaßnahmen, um die Anwesenheit von Nutrias nachzuweisen. Vergessen sollte man auch nicht den Zuspruch und die Unterstützung der dortigen Bevölkerung (BAKER 2006).

Die Ausrottungskampagne in Teilen von Maryland USA, lief nach Behördenangaben erfolgreich (vgl. Kapitel 8.2.). Dort wurden zwei Jahre intensiver Bejagung genutzt, um die Nutria in weiten Teilen der Marschgebiete auszurotten (ATKINSON 2005). Weiter zu überprüfen wären Beobachtungen aus dem Süden der USA. Denn dort konnte man herausfinden, dass die Nutria sehr abgeneigt gegenüber der im Süden Nordamerikas natürlich vorkommenden Pflanze *Justicia lanceolata* reagiert. Sie ist absolut ungenießbar für die Tiere und wirkt sogar abstoßend. So wären Anpflanzungsmaßnahmen mit dieser Art dort möglicherweise sinnvoll (BAROCH & HAFNER 2002).

Neben der besonders in Deutschland verbreiteten Uneinigkeit über den Umgang mit der Nutria, besteht zusätzlich noch die weitverbreitete Skepsis gegenüber der Kosten-Nutzen-Relation auf der einen Seiten und der generellen Unterschätzung der Auswirkungen invasiver Arten auf der anderen Seite, sodass es meist keine Maßnahmen gibt (BERTOLINO & VITERBI 2010). So sollten in Deutschland sämtliche Bundesländer in das Nutriamanagement involviert werden und sich mit den spezifischen Kontrollmechanismen auseinandersetzen. Man wird dabei feststellen, dass für manche Bundesländer jeweils andere Maßnahmen geeigneter sind. Dies hängt mit der jeweiligen Prägnanz und der Dichte der Nutrias in den Ländern zusammen. Hieraus resultieren die Anzahl und die Höhe der Schäden. Überprüft werden muss, ob in besonders betroffenen Gebieten in Nordrhein-Westfalen und Niedersachsen eine großmaßstäbliche Ausrottungskampagne sinnvoll und ökonomisch wäre.

Es gilt hierbei vor allem generell zu untersuchen, ob sich Ausrottungskampagnen in weitläufigen Gebieten mit idealen Habitatansprüchen der Nutria überhaupt lohnen, beziehungsweise ob sie zum Erfolg führen. Dies wird von manchen Autoren bezweifelt, welche Ausrottungskampagnen nur in kleineren inselartigen Gebieten für durchführbar halten. So könnte sich möglicherweise herausstellen, dass in Zukunft für großräumige Gebiete intensive Kontrollmaßnahmen eingeführt werden und für kleinflächige Bereiche eine Ausrottungskampagne gestartet wird, je nach Dringlichkeit und Populationsdichte. Um diese Gebiete jeweils zu identifizieren, bieten sich möglicherweise Habitatmodelle zur Erkennung an (COCCHI & RIGA 2008).

Für andere Bundesländer eignen sich regelmäßiger Fallenfang und Bejagung, etwa durch Bisamjäger. Weiter sind auch punktuelle Schutzmaßnahmen, sowie Zäune und Gitter an Ufern zu Feldern sinnvoll und anwendbar. Die Frage nach einem generellen ungenutzten Uferstreifen sollte akribisch untersucht werden. Denn wie Beobachtungen aus Südamerika gezeigt haben, bleiben etwa Schäden an landwirtschaftlichen Kulturen durch breitere Ufersäume nahezu aus (GUICHÓN & CASSINI 2005). Es gilt also zu überprüfen, ob sich in Deutschland eine generelle Einführung von ungenutzten Uferstreifen an Feldern ökonomisch umsetzen ließe und diese auch hier zum Erfolg führen könnten. Auch aus naturschutzfachlichen Gesichtspunkten wäre solch eine Vorrangfläche durchaus wünschenswert. Eine mögliche künstliche Bepflanzung von Tümpeln mit Pflanzen, die für Nutrias als Nahrung geeignet wären, muss ebenfalls überprüft werden. Hieraus könnte man besonders in Gebieten mit Landwirtschaft in unmittelbarer Nähe der Nutrias, die Wanderungen zur Futtersuche und somit auch die Schäden an landwirtschaftlichen Erzeugnissen minimieren (CORRIALE ET AL. 2006).

Vor all diesen Maßnahmen bedarf es jedoch einer umfangreichen Schadanalyse in allen Bundesländern. Denn häufig werden mögliche Nutriaschäden pauschalisiert. Die Schäden sollten genauestens untersucht und belegt werden, sodass abgewogen werden kann, ob sich effektive Kontrollmaßnahmen überhaupt lohnen.

Krankheiten

Die Nutria ist potenzieller Überträger von einer Vielzahl von Krankheiten und Erregern (vgl. Kapitel 9). Auch leidet die Nutria selbst häufig an verschiedenen Krankheiten. Bei manchen Erkrankungen wird zwar vermutet, dass nach einer erfolgreichen Genesung der Nutria sich eine Immunität gegen bestimmte Krankheiten einstellt, die vor einem weiteren Befall schützt, dennoch treten häufig solche Erkrankungen auf, die den Bestand der Nutria stark dezimieren können.

Beim Kontakt des Menschen mit der Nutria besteht die Gefahr, dass Krankheiten übertragen werden können, beispielsweise Hautpilz. Beim Menschen wird vermutet, dass sich zunächst keine Immunität gegen den Hautpilz herausbilden kann und es somit immer wieder zum Befall kommen kann (ALYASSINO 1989).

Untersuchungen in Deutschland, dass die Nutria ein weiterer Wirt für den Fuchsbandwurm darstellen könnte, zeigten dafür keine Bestätigung. Hingegen war der Befall beim Bisam signifikant höher. Dies lässt sich möglicherweise systematisch erklären, da die Nutria zur Familie der *Myocastoridae* zählt und der Bisam zu den *Arvicolidae*, die in Europa die Hauptgruppe der Zwischenwirte von *Echinoccocus multilocularis* darstellen (HARTEL ET AL. 2004).

Eine Übertragung des Hantavirus durch die Nutria ist jedoch möglich. Bei Untersuchungen in Südbrasilien in der Region um Sao Paolo konnten bei den Zwergreisratten *Oligoryzomys nigripes* und *Oligoryzomys flavescens* der „Andes-Virus" eine Spezies des Hantavirus nachgewiesen werden. Von den Autoren wird vermutet, dass auch die dortigen Nutrias betroffen sein könnten (DE LEMOS ET AL. 2004).

Die Liste der Krankheiten, die Nutrias übertragen, ist eindeutig lang und die Gefahr, die davon ausgeht, wird häufig unterschätzt. Zwar werden in vielen Ländern umfangreiche Schutzmaßnahmen für unterschiedliche Biotope entwickelt, doch kaum eine Maßnahme bezieht den möglichen Einfluss von Krankheiten, die besonders von Neozoen eingeschleppt werden, mit in die Planungen ein. Doch gerade weil es sich bei vielen Schutzgebieten um offene Areale handelt, können häufig ungehindert Neozoen wie die Nutria dort eindringen und einheimische Arten infizieren. Um mögliche Übertragungen auf den Menschen möglichst gering zu halten, sollten Fütterungen in öffentlichen Parks, wie etwa im Greizer Park in Thüringen (WEIGEL ET AL. 2011), oder an der Saale (BRAINICH 2008), zukünftig nicht nur aus Infektionsgründen grundsätzlich verboten werden.

10.1. Ausbreitungspotenzial

"Die dauerhafte Existenz und der Ausbau einer Population unter fremden Klimabedingungen in Mitteleuropa und den wenigen geeigneten Biotopen ist für die allochthone Nutria nur bedingt möglich" (PELZ ET AL. 1997). "Bei der Nutria ist durchaus vorstellbar, dass diese wieder aus der freien Wildbahn verdrängt wird" (DOLCH & TEUBNER 2001). Diese und ähnliche Aussagen waren noch bis vor wenigen Jahren in vielen Artikeln über Nutrias zu lesen. Doch die derzeitige Entwicklung und Verbreitung, sowie die Hinweise auf eine Klimaerwärmung, lassen eine andere zukünftige Entwicklung vermuten (JOHANSHON 2011).

Die Strenge des Winters ist bei uns der wichtigste einschränkende Ausbreitungsfaktor. Da Nutrias keine Vorräte anlegen, leiden sie besonders unter dauerhaftem Frost (BERTOLINO 2011 in NENTWIG 2011; BERTOLINO ET AL. 2012). Untersuchungen aus Belgien zeigen, dass selbst extrem kurze Frostperioden das Leben der Nutrias stark beeinflussen und für Stress durch Erfrierungen sorgen (VERBEYLEN 2002). Bei Metzen führt andauernde Kälte zum Schwangerschaftsabbruch. Noch nicht voll entwickelte Jungtiere werden vom Körper des Weibchens resorbiert. Außerdem können Füße und Schwänze Erfrierungen davon tragen und Fettreserven werden schnell aufgebraucht (BERTOLINO 2011 in NENTWIG 2011). Dieses Verhalten kann wesentlich die Populationsdichte in einer Region beeinflussen, wie etwa in Zentralitalien beobachtet wurde (REGGIANI ET AL. 1995).

Es kommt bei strengen Wintern zu enormen Fettreduktionen, die durch den erhöhten Energieverbrauch bei kalten Temperaturen und durch die schlechte Erreichbarkeit der ohnehin knappen Nahrung entstehen (KLEMANN 2001). Dies gilt besonders für juvenile Tiere. Untersuchungen bei jungen Nutrias zeigen, dass deren metabolische Rate um 27% höher liegt als bei adulten Nagetieren vergleichbarer Größe. Dies führt natürlich zu einer wesentlich schnelleren Energiezehrung. Geschlechtsspezifisch gesehen sind Böcke im Winter anfälliger als Metzen, da Böcke auch im Winter ihr Revier verteidigen und dessen Grenzen regelmäßig kontrollieren. Hierdurch kommt ein weiterer Faktor von Energieverlust hinzu. Dieser ist besonders bei kalten Wintern in Europa ein entscheidender Mortalitätsfaktor, da Nahrung sehr knapp ist (DONCASTER ET AL. 1990). Wenn die Ufer schneebedeckt sind und die Gewässer zufrieren, haben die Tiere erhebliche Probleme bei der Nahrungssuche (PELZ ET AL. 1997). Es besteht also in Europa und ähnlich temperierten Gebieten für Nutrias der Konflikt zwischen Territorialverhalten und Thermoregulation (DONCASTER ET AL. 1990). Es kann dadurch vorkommen, dass in sehr kalten Wintern 80% bis 90% einer Population sterben (BERTOLINO 2011 in NENTWIG 2011). Deswegen ist die Erreichbarkeit ganzjährig offener Wasserstellen mitentscheidend für eine stabile Existenz der Nutriapopulationen in Deutschland (KLEMANN 2001). Doch nicht nur Kälteeinbrüche sorgen für Populationsrückgänge, sondern auch extreme Hitze über 35°C kann zu Hitzeschlägen und Tod führen (DONCASTER ET AL. 1990).

Die oben erwähnten Schwangerschaftsabbrüche sind nicht nur bei strengen Wintern zu beobachten, sondern auch bei intraspezifischem Stress. Dieser kann beispielsweise ausgelöst werden, wenn infolge von anhaltend guten Wetter- und Nahrungsbedingungen die Dichte der Population so stark ansteigt, dass die interne Konkurrenz um Platz und Ressourcen zu groß wird (REGGIANI ET AL. 1995).

Wie schon mehrfach in Europa bewiesen, kann ein starker Populationseinbruch jedoch sehr schnell wieder kompensiert werden: durch starke Vermehrungsrate und die erhöhte Überlebensrate bei niedriger Populationsdichte (ELLIGER 1997). Dies kann in milden Wintern (z.B. 1996/97) zu einer Verdopplung der Population führen. Selbst unter härteren winterlichen Bedingungen als im Ursprungsland Argentinien ist eine erfolgreiche Jungenaufzucht unter günstigen Rahmenbedingungen in Deutschland und Europa erfolgreich.[12] Dies steht häufig in Kontrast zur pauschalen Aussage, dass Nutrias stark frostgefährdet sind (KINZELBACH 2001; VERBEYLEN 2002; BERTOLINO ET AL. 2012).

In Deutschland konnte die hohe Natalität in Jeetzel bei Lüchow-Danneberg gezeigt werden. Hier waren die Tiere im Frühjahr 1996 durch intensive Bejagung fast ausgerottet worden, konnten sich dann aber innerhalb von nur zwei Jahren wieder zu einer stabilen Population erholen (HEIDECKE ET AL. 2001). Doch nicht nur durch die enorm erfolgreiche Reproduktion wird ein Überleben der Tiere gesichert, sondern auch durch vermehrte Immigrationen von Tieren aus der einen Gruppe in die andere, wie sie in strengen Wintern häufig zu beobachten sind (MEYER 2001; Kinzelbach 2001; Guichón & Cassini 2005; Cocchi & Riga 2008; STUBBE ET AL. 2009; MARINI ET AL. 2011). Bei Untersuchungen in Zentralitalien wurde ähnliches festgestellt. Dort konnte auch beobachtet werden, dass die Nutriadichte in den Wintermonaten stark abnimmt, während sie in den Sommermonaten wieder stark ansteigt. Beim Ausfall von strengen Wintern blieb die Abundanz hingegen stetig hoch (REGGIANI ET AL. 1995).

---

[12] Durchschnittliche Temperaturen in Argentinien im Winter 9,1°C und Sommer 23,8°C (GUICHÓN & CASSINI 2005) im Vergleich dazu Deutschland im Winter -0,5°C und im Sommer 16,9°C (DE.WIKIPEDIA.ORG)

Auch die unzureichende Ausstattung unserer Gewässer mit Nahrungsreserven stellt eine natürliche Barriere dar, die jedoch nicht allzu selten durch Schädigungen an landwirtschaftlichen Kulturen überwunden wird (PELZ ET AL. 1997). Diese Nahrungsanpassung an den neuen Lebensraum der Nutria, machte es für die Tiere erst möglich, sich so erfolgreich in Deutschland und Europa auszubreiten. Sie sind Generalisten was die Nahrung angeht und können auch bei Vorhandensein von nur spärlicher Vegetation überleben und sich ausbreiten (ABBAS 1991).

Letztendlich wird der spezifisch wirksame Klimawandel in Deutschland zeigen, ob sich die südamerikanische Nutria ebenso wie der nordamerikanische Bisam als neue Art in Deutschland weiter etablieren kann (SCHÜRING 2010). Auch ist eine flexible Verhaltensweise der Tiere entscheidend, um sich erfolgreich in neuen Habitaten etablieren zu können (MEYER ET AL. 2005).

Zumindest in stadtnahen und innerstädtischen Bereichen ist kein natürliches Aussterben durch klimatische und prädative Faktoren zu erwarten, da beispielsweise bei Beobachtungen an Saale, Neiße und Mulde, bedingt durch das günstige Stadtklima, die Auswinterungsrate unter 20% lag (HEIDECKE & RIECKMANN 1998). Auch gibt es in Deutschland keinen entscheidenden Jagddruck auf Nutriapopulationen in Stadtgebieten oder deren Nähe, wie etwa in Argentinien, weshalb eine weitere Etablierung in urbane Bereiche zu erwarten ist (LEGGIERI ET AL. 2011; BERTOLINO ET AL. 2012). Besonders im atlantisch getönten Nordwest-Deutschland und in Bereichen, in denen das Wasser von Abwässern erwärmt wurde, befinden sich die besten Überlebenschancen für Nutrias in Deutschland (SCHMIDT 2001). So ist davon auszugehen, dass eine flächendeckende Verbreitung in Gebieten der norddeutschen Tiefebene in Zukunft zu erwarten ist (HEIDECKE 2009). Neben Niedersachsen und Schleswig-Holstein ist dann auch Mecklenburg-Vorpommern zu nennen, wo es an geeigneten Lebensräumen mit Seen und Flüssen nicht mangelt.

Da die Nutria auch salzwassertolerant ist, könnte theoretisch auch eine weitere Ausbreitung entlang der Küsten erfolgen, obwohl bisher diesbezüglich kaum etwas zu vermelden ist (WALTHER ET AL. 2011). Durch die gut ausgebauten Wasserwege wird das Abwandern und die Ausbreitung vieler Nutrias zur Gründung neuer Populationen erleichtert (SCHMIDT 2001). Für Brandenburg ist nur bedingt mit einer weiteren Ausbreitung zu rechnen, da gerade im Osten des Landes die Winter sehr kalt sein können. Die Tiere können dort eher im Süden des Landes meist in urbanen Regionen durch Zufütterungen überleben, wie es über viele Jahre beispielsweise in Cottbus,

Greiz oder an der Saale der Fall war und oftmals noch ist (BRAINICH 2008; WALTHER ET AL. 2011; WIEGEL ET AL. 2011). Im Gegensatz dazu lässt sich in Berlin aufgrund des günstigen Stadtklimas eine weitere Ausbreitung erkennen. Für Rheinland-Pfalz liegen interessanterweise keine größeren Nachweise vor, obwohl die angrenzenden Bundesländer Nordrhein-Westfalen und Baden-Württemberg recht hohe Nutriadichten zu verzeichnen haben. In Rheinland-Pfalz ist also in Zukunft mit einer vermehrten Verbreitung zu rechnen, da hier auch einige geeignete Lebensräume vorhanden sind (BIELA 2008). In Ostthüringen konnten Wanderungen von 41 km und regelmäßige Vorkommen bis in 600 m Höhe nachgewiesen werden, was auch hier auf eine weitere Expansion schließen lässt (MEYER 2001).

Das verfügbare Lebensraumpotenzial in Deutschland ist noch lange nicht ausgeschöpft, so dass sich die Nutria ständig weiter ausbreiten und in neue unbesiedelte Bereiche vordringen kann (JOHANSHON 2011). Schreitet der Klimawandel weiter fort und häufen sich die milden Winter, so gibt es prinzipiell in Deutschland für die Nutria bis auf die Mittelgebirge und die Alpen kaum ein Gebiet, was nicht erschlossen werden könnte. Möglicherweise spielt dann in Zukunft nicht mehr das Klima eine entscheidende Ausbreitungsrolle, sondern Faktoren wie Prädation, Parasiten und Krankheiten (BIELA 2008). Diese Beobachtung ist nicht auf Deutschland beschränkt, sondern zeigt sich auch in anderen Ländern Europas (JOHANSHON 2011).

In Italien etwa wurden ähnliche Beobachtungen wie in Deutschland gemacht: Auch hier ist der wichtigste Bestandsregulator der Winter. Die Geburtenrate, die Dichte und die Sterblichkeit hängen im Wesentlichen von der Kälte des jeweiligen Winters ab (GOCCHI & RIGA 2008; MARINI ET AL. 2011). Um die aktuelle Verbreitung, sowie die zukünftige Verbreitung der Nutria in Italien vorherzusagen, wurde in Norditalien ein Model entwickelt. Dieses konnte die tatsächliche Verbreitung der Art sehr gut wiedergeben. Es stellte sich heraus, dass Nutrias vor allem entlang der Reisfelder leben und sich durch die hohe Anzahl der Bewässerungsgräben ideal ausbreiten können. Ähnlich wie in Deutschland sind Kanäle oder Bewässerungsgräben wahrscheinlich hauptsächlich für eine erfolgreiche Ausbreitung der Art verantwortlich. In Norditalien kommt es besonders im Frühjahr und im Sommer zu vermehrter Ausbreitung, da in dieser Zeit die Reisfelder besonders stark bewässert werden und somit auch fast alle Kanäle ausreichend Wasser führen. Im Herbst und Winter hingegen, wenn bereits geerntet wurde, beschränken sich die Tiere hauptsächlich auf die großen Kanäle, die dann noch Wasser führen. Dieses Phänomen scheint dort eine natürliche Populationsdynamik hervorgerufen zu haben.

Das Modell konnte weiter belegen, dass Nutrias meist nur offenes Land besiedeln und Bereiche von Wald, Obstplantagen und Pappelplantagen meiden. Eine weitere Ausbreitung lässt sich dadurch in Norditalien ableiten. Auch konnte durch das Model die Anpassungsfähigkeit an unterschiedliche Lebensräume der Nutria belegt werden. Die tatsächliche Verbreitung der Tiere und die Vorhersage des Modells stimmten größtenteils überein. Die Fähigkeit, sich an unterschiedliche Lebensräume anzupassen, resultiert auch in Italien in der erfolgreichen Ausbreitung. Durch dieses Modell, was sich größtenteils auf Reisfelder bezog, kann weiter geschlussfolgert werden, dass sich die Nutria speziell in Asien in Zukunft sehr gut ausbreiten könnte, da hier riesige Flächen von Reisfeldern bedeckt sind (BERTOLINO & INGEGNO 2009).

In Belgien wird ebenfalls mit einer weiteren Verbreitung der Art gerechnet, da möglicherweise die milden Winter zunehmen und außerdem im Zuge von Umwelt- und Naturschutz mehr geeignete Lebensräume für die Nutria in Belgien geschaffen werden beziehungsweise geschützt werden. Freilich liegt dies nicht an der Nutria selbst, sondern an den auftretenden Naturschutzbemühungen im Land. Wie schon in der Vergangenheit zeichnet sich eine stetige Ausbreitung in die benachbarten Niederlanden ab, da die Vorkommen im Westen von Niedersachsen anwachsen und die Tiere von dort in die Niederlanden einwandern (HEIDECKE & RIECKMANN 1998). Zwar hat man dort strukturierte Kontrollmaßnahmen eingeführt, jedoch erzielten diese bisher nicht den gewünschten Erfolg (VERBEYLEN 2002).

Nach letzten Untersuchungen erwartet man im nördlichen Spanien ebenfalls, dass sich die Nutria weiter ausbreitet. Aufgrund der lückenhaften Flächen an geeigneten Arealen dort, wird die Verbreitung wahrscheinlich jedoch langsam und gestückelter ablaufen (SALSAMENDI ET AL. 2009).

In der Türkei ist speziell im Westen, also auf dem europäischen Teil, mit weiteren Ausbreitungen der Art zu rechnen. Die Winter sind dort mit einer Durchschnittstemperatur im Januar von 2,2°C mild und an vielen Flusssystemen sind für Nutrias sehr geeignete Schilfbestände vorhanden (ÖZKAN 1999).

Um Aussagen über die Ausbreitung der Nutria treffen zu können, muss auch das Wanderverhalten dieser Art bekannt sein. In Frankreich wurde beobachtet, dass die Böcke beispielsweise weitere Strecken zurücklegen als die Metzen. Diese Beobachtungen konnten an der Saale bei Halle in Deutschland jedoch nicht bestätigt werden.

Wobei es sich hierbei um die alltäglichen Wanderungen der Tiere handelte und nicht, wie in Frankreich untersucht, um das aperiodische Abwandern von Individuen aus der Gruppe. Dies muss jedoch grundsätzlich unterschieden werden (MEYER 2001). Die Beobachtungen aus Halle konnten jedoch auch in Louisiana wiederholt werden. Auch hier gab es keine nennenswerten Unterschiede im täglichen Wanderverhalten der beiden Geschlechter. Die Ergebnisse in Louisiana wurden jedoch ausschließlich bei Untersuchungen in Marschen erzielt, weshalb sie nicht zwangsläufig auch für andere beispielsweise europäische Populationen gelten. Möglicherweise spielt auch die Dichte und Art des Untergrunds eine wesentliche Rolle beim Wanderverhalten der Tiere. Was in Louisiana jedoch herausgefunden wurde, ist die Tatsache, dass die Tiere im Winter häufiger und weiter wandern als im Sommer. Dies ist möglicherweise auf die Nahrungssituation zu beziehen, da im Winter weniger Nahrung zur Verfügung steht (NOLFO-CLEMENTS 2009).

Viele für die Nutria geeignete Lebensräume sind noch in Deutschland vorhanden. Da die Nutria recht anspruchslos an ihren Lebensraum und die Ernährung ist, kann man generell mit einer weiteren Ausbreitung rechnen. Sieht man vom Faktor Klima ab, der den Nutriabeständen stark zusetzen kann, sind die Bedingungen in Deutschland für das Tier sehr gut. Ohne organisierte länderübergreifende Kontrollmechanismen wird sie sich weiter ausbreiten, auch in anderen europäischen Ländern. Dies ist auch die Meinung der meisten Autoren (ABBAS 1991; HEIDECKE & RIECKMANN 1998; SCHMIDT 2001; PANZACCHI ET AL. 2007; BIELA 2008; SALSAMENDI ET AL. 2009; STUBBE ET AL. 2009; WALTHER ET AL. 2011; JOHANSHON 2011). Nur wenige Autoren glauben, dass sich die Nutria aufgrund fehlender Anpassung an das Klima, mit den strengen Wintern und langen Frostperioden, auf Dauer nicht in Deutschland halten kann (PELZ ET AL. 1997; DOLCH & TEUBNER 2001).

10.2. Arealmodellierung mit Maxent

Um das Ausbreitungspotenzial der Nutria besser darstellen zu können, wurde mit Hilfe der Software Maxent ein Arealmodell erstellt. Zunächst ist die Vorhersage der potenziellen Verbreitung der Nutria bei derzeitigem Klima weltweit dargestellt (vgl. Abb. 40).

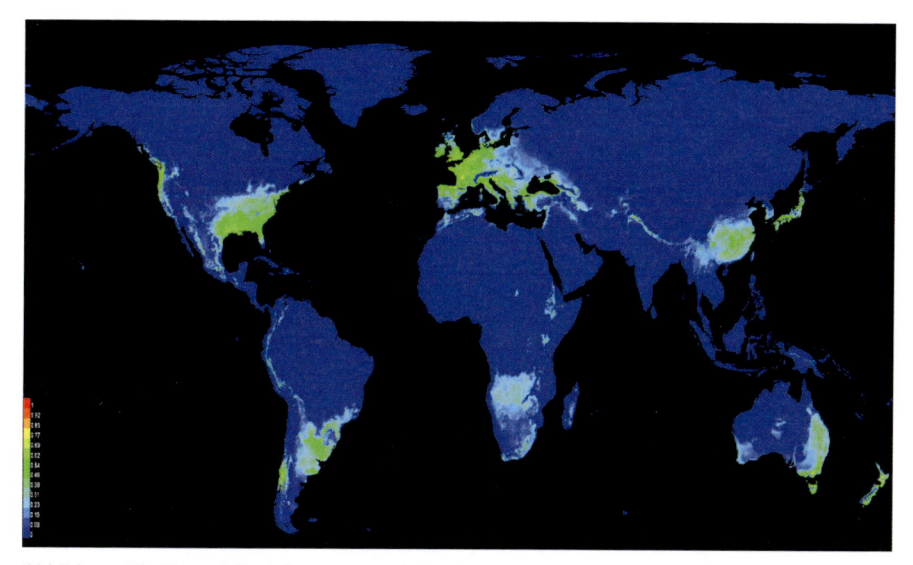

Abbildung 40: **Maxent-Modell zur potenziellen Verbreitung der Nutria bei derzeitigem Klima.** Warme Farben zeigen eine hohe Ähnlichkeit zwischen der „idealisierten Nische" und dem Klima an einem jeweiligen Ort an (eigene Abbildung; HTTP://DATA.GEBIF.ORG; WWW.NATURGUCKER.DE; MITCHELL-JONES ET AL. 1999; ÖZKAN 1999; MURARIU & CHIŞAMERA 2004; CARTER 2007; EGUSA & SAKATA 2009; GHERARDI ET AL. 2011).

Es fällt auf, dass sich die vom Programm modellierte heutige potenzielle mit der tatsächlichen Verbreitung in den meisten Gegenden deckt. So überlagert sich beispielsweise die modellierte Verbreitung der Art im Westen und Osten Nordamerikas mit der wirklichen Verbreitung (vgl. Kapitel 5.3.). Auch die potenziellen Vorkommen in Südamerika, Japan und besonders Europa decken sich wesentlich mit der realen Verbreitung. Zu erkennen ist ebenfalls die potenzielle Verbreitung in Großbritannien und Skandinavien, wo die Nutria inzwischen aber wieder ausgerottet wurde. Auch die für die Nutria eher ungeeigneten Regionen, zum Beispiel in den Alpen und Pyrenäen, werden durch das Modell gut erklärt (für die Nutria eher ungeeignete Gebiete sind solche, die nicht ihren Lebensraumansprüchen genügen; vgl. Kapitel 4). Auffallend ist die mögliche Verbreitung auf der Iberischen Halbinsel, in Nordafrika, in großen Teilen Osteuropas und, wenngleich mit einer geringeren Wahrscheinlichkeit, im Süden Afrikas. Interessant ist auch die potenzielle Verbreitung entlang des Himalayas, was auf die vielen Feuchtgebieten beispielsweise in Nordindien zurückzuführen sein könnte. Weiter eignen sich große Teile Chinas und Japans als potenzielles Verbreitungsgebiet der Nutria. Würde man die Art in Neuseeland und Westaustralien ansiedeln, so würde sie sich, dem Modell nach zu urteilen, dort anscheinend etablieren können.

Vergleicht man diese Modellierung mit der zukünftigen möglichen Verbreitung der Nutria um 2050 so fällt auf, dass sich dort die Ausbreitung in manchen Teilen der Welt weiter nach Norden streckt (vgl. Abb. 41).

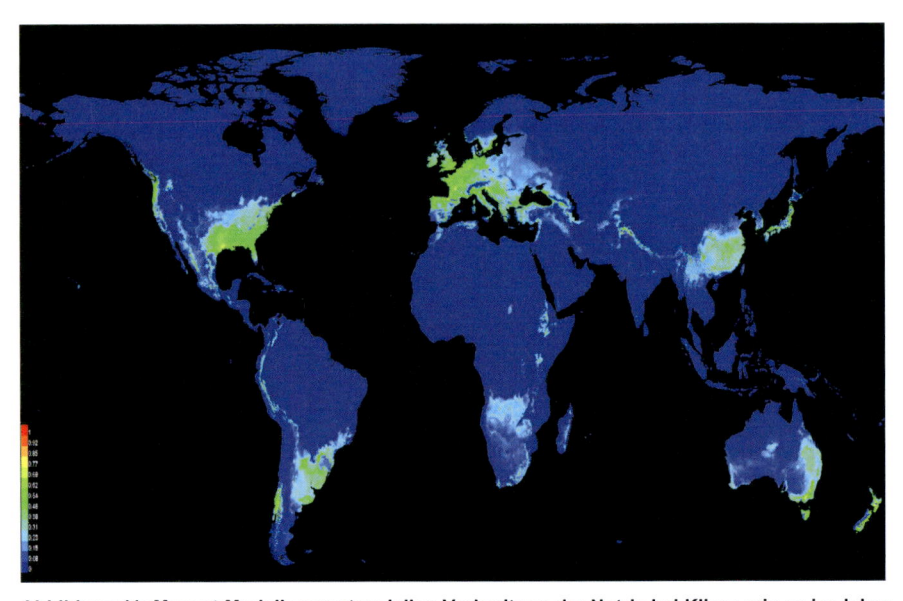

Abbildung 41: Maxent-Modell zur potenziellen Verbreitung der Nutria bei Klima, wie es im Jahre 2050 vorherrschen könnte (HADCM3-Modell, A2). Warme Farben zeigen eine hohe Ähnlichkeit zwischen der „idealisierten Nische" und dem Klima an einem jeweiligen Ort an (eigene Abbildung; HTTP://DATA.GEBIF.ORG; WWW.NATURGUCKER.DE; MITCHELL-JONES ET AL. 1999; ÖZKAN 1999; MURARIU & CHIŞAMERA 2004; CARTER 2007; EGUSA & SAKATA 2009; GHERARDI ET AL. 2011).

Dies sieht man besonders im Nordwesten Nordamerikas, in Nordosteuropa, Zentralasien, China und Japan. Somit wird die These bekräftigt werden, dass sich die Nutria im Zuge des Klimawandels in Zukunft weiter ausbreiten wird. Dies liegt zweifelsohne an ihren Habitatansprüchen. Von einem Klimawandel mit erhöhten Temperaturen mit zunehmenden Niederschlägen würde sie profitieren. Sie könnte sich somit in Gebiete ausbreiten, die aktuell aufgrund der strengen Winter für sie bisher eher ungeeignet sind (Nordeuropa, Russland, Kanada). Bei erhöhten Temperaturen mit vermehrter Trockenheit sind ihrer Ausbreitung jedoch deutlich Grenzen gesetzt, da die Mortalitätsrate über $35°C$ stark ansteigt. So ist damit zu rechnen, dass sich die Nutria beispielsweise in Spanien nicht weiter ausbreiten wird, möglicherweise sogar zurückziehen wird, wenn es dort in Zukunft wesentlich wärmer werden wird.

Nach diesem Modell wird sich die Nutria also in manche Gebiete im Zuge des Klimawandels weiter ausbreiten, wohin gegen andere Gebiete möglicherweise von ihr verlassen werden. Generell wird durch diese Modellierung gezeigt, dass sich die Nutria noch längst nicht in sämtlichen, für sie möglichen, Habitaten angesiedelt hat.

10.3. Forschungsbedarf und Empfehlungen

In den meisten Bundesländern liegen nur unzureichend Daten zur Bestandsentwicklung der Nutria vor. Hier wird häufig auf Einschätzungen von Bisamjägern zurückgegriffen (DOLCH & TEUBNER 2001), daher sollten zukünftig ausführlichere Daten erhoben werden. Ebenso sollte man mehr überprüfbare Beobachtungen zur Interaktion zwischen Nutrias und beispielsweise Bibern machen, die bisher kaum vorliegen (vgl. DVWK 1997; Kinzelbach 2001; Zahner 2004; STUBBE ET AL. 2009; SCHÜRING 2010). Auch gibt es bisher zu wenig aussagekräftige Untersuchungen zur Vergrämung anderer Tierarten z.B. vom Bisam (vgl. RUYS ET AL. 2011).

Da in ihrer Heimat Argentinien die Nutria größtenteils nicht als Schädling in der Landwirtschaft auftritt, stellt sich die Frage, warum das dann u.a. in Deutschland der Fall ist. Einen vielversprechenden Ansatz bietet die Hypothese von GUICHÓN ET AL. (2003), die dies mit der Nahrungsaufnahme in Verbindung bringen. Bei genügend vorhandener Wasserpflanzenvegetation bleibt ein Übergriff auf terrestrische Pflanzen fast gänzlich aus. Diese Untersuchung zum Verhalten bei der Futtersuche sollte auch in Deutschland erfolgen. Hieraus könnte sich ergeben, dass Nutrias leicht von der Landnutzung ausgeschlossen werden könnten, wenn man ihnen einen 5 m breiten Uferstreifen mit ausreichend Vegetation lässt (vgl. GUICHÓN & CASSINI 2005), oder etwa den Bewuchs von Wasserpflanzen unterstützt (CORRIALE ET AL. 2006). Daran schließt sich die nächste Frage an: Treten (land-) wirtschaftliche Schäden nur in für Nutrias suboptimalen Gebieten auf?

Generell fehlen eindeutige Zahlen zu wirtschaftlichen Schäden in Deutschland. Es sollte also die Hypothese überprüft werden, ob in optimalen Habitaten mit genügend natürlicher Vegetation, wo auch Landwirtschaft in unmittelbarer Nähe vorhanden ist, weniger Schäden an dieser auftreten, als in suboptimalen Habitaten mit Landwirtschaft. Des Weiteren sollten auch tiefergehende ökologische Untersuchungen zur spezifischen Verbreitung und der Besiedlungsdichte in Deutschland orientierend an der Studie von MARINI ET AL. (2011) unternommen werden. Durch solche Untersuchungen könnte man möglicherweise auch ein näheres Verständnis der Nutrias und deren Einfluss auf die heimische Flora erlangen. Zur besseren Verständlichkeit sollten auch erweiternde Studien zur Populationsdynamik und -regulation, sowie Reproduktion in Deutschland getätigt werden (vgl. GUICHÓN ET AL. 2003). Wie groß ist das durchschnittlich beanspruchte Revier in Deutschland? Gibt es saisonale Unterschiede bei zurückgelegten Distanzen (vgl. NOLFO-CLEMENTS 2009)?

Untersuchungen zur Ernährung der Nutrias sind ebenfalls noch nicht abgeschlossen. So sollten Analysen der Nahrungszusammensetzung auf Nährstoffe, Mineralstoffe oder andere Inhaltsstoffe durchgeführt werden, um die für Nutrias essentielle Nahrung identifizieren zu können. Für weitere Untersuchungen der Ernährung böte sich die Erstellung eines Nutria-Biomasse-Modells zur Untersuchung des Fraßdrucks auf die Vegetation an. Welchen Druck kann eine Pflanzengesellschaft ertragen, um noch überleben zu können? Hierbei kann man sich an CARTER ET AL. (1999) orientieren.

Um abschätzen zu können, ob sich bestimmte Kontrollmaßnahmen ökonomisch lohnen, sollte eine Kosten-Nutzen-Analyse durchgeführt werden (vgl. PANZACCHI ET AL. 2007).

Da Nutrias zumindest in ihrem Ursprungsgebiet in Südamerika für Nagetierverhältnisse sehr soziale Verhaltensweisen zeigen, bieten sich hier weiter Studien an, um die Evolution von Sozialstrukturen von Säugetiergruppen zu untersuchen.

Da Nutrias in Europa vielen anderen Umweltfaktoren ausgesetzt sind, stellt sich auch die Frage, in wie weit Vergiftungen, beispielsweise durch Schwermetalle oder Pestizide, eine Rolle für die Gesundheit der Tiere spielen.

Wie kann sich die Nutria weiter ausbreiten? Hierfür könnte man eine Nischenmodellierung mit Hilfe von Luftbildern und GIS erstellen, um mögliche Habitate zu identifizieren. Dafür ist auch eine Analyse von Landnutzung, Vegetationsbedeckung und – struktur nötig (vgl. SHEFFELS & SYTSMA 2007).

Das Einbringen von allochthonen Arten, die eine Gefährdung von Ökosystemen mit sich bringen, sollte generell verhindert werden. Wenn die Einbringung jedoch bereits passiert ist, sollten umfassende Kontrollmaßnahmen eingeleitet werden. Hier ist z.B. das Bundesministerium für Umwelt, Natur und Reaktorsicherheit gefragt. Dahingehend sollte eine intensive Prüfung einer möglichen Ausrottung in Deutschland mit Kosten-Nutzen-Analyse durchgeführt werden. Dabei könnte man sich z.B. an der erfolgreichen Kampagne in Großbritannien orientieren (vgl. BAKER 2006). Zu bedenken ist, dass in kleinen isolierten Gebieten (z.B. Täler) mit geringer Nutriadichte eine Ausrottung meist einfacher ist als bei größeren Populationen, wo eine intensivere Verfolgung und Bejagung von Nöten ist, aber eine vollständige Ausrottung eher unwahrscheinlich erscheint. Der Einsatz von Habitatmodellen könnte hier sehr hilfreich und nützlich sein (vgl. COCCHI & RIGA 2008). Falls eine solche Ausrottung und Vermeidung des Einbringens nicht möglich sind, können strukturierte Kontrollmaßnahmen helfen (vgl. BERTOLONI & VITERBI 2010). Einig sind sich die meisten Wissenschaftler, dass Vermeidung, Ausrottung oder Kontrollmaßnahmen wesentlich kosteneffizienter sind, als gar nichts zu unternehmen (PANZACCHI ET AL. 2007).

Nutrias besitzen ein sehr hochwertiges Fleisch und haben ein Gewicht zwischen fünf und sechs Kilogramm. Damit stellen sie eine durchaus interessante zusätzliche Wildfleischquelle dar. Hier könnte somit ein Anreiz zur Jagd geschaffen werden. Erfahrungen mit dem Fleisch der Nutria hat man bereits vielfach in der ehemaligen DDR sammeln können (vgl. Kapitel 3.3.). In die Jagdmethoden sollten auch die Ergebnisse von Untersuchungen aus Argentinien mit einfließen (vgl. Kapitel 8.1.). Diese Untersuchungsergebnisse sollten ebenso bei zukünftigen Managementmaßnahmen berücksichtig werden.

Es muss eine generelle Einigkeit deutschlandweit über den zukünftigen Umgang mit Nutrias bestehen. So gibt es zwar generelle Empfehlungen des BNatSchG, doch werden diese häufig über den unterschiedlichen Status in den Bundesländern, ob die Nutria im Jagdrecht ist oder nicht, nicht klar genug ausgelegt. Durch die Aufnahme der Nutria ins Bundesjagdgesetz kann eine Ausrottung oder eine Bekämpfung nicht ohne weiteres erfolgen. Es besteht ein Problem der Zuständigkeit, da es in Deutschland verschiedenste Behörden gibt, die mit dem Nutriaproblem in Verbindung gebracht werden könnten, wie etwa Stadtverwaltung, Amt für Veterinärwesen, Aufsichtsbehörden, Amt für Landschaftspflege, Wasserbehörde, Gemeinden, Tierschutz- und Naturschutzorganisationen und mögliche weitere Institutionen.

Mit Blick auf organisierte Kontrollmaßnahmen sollte sich vielleicht am Beispiel der USA orientiert werden, die zumindest im Nordwesten des Landes ein straff organisiertes Kontrollprogramm in die Wege geleitet haben: unter Beteiligung der Öffentlichkeit, Wissenschaft, Jägerschaft und Erstellung eines konkreten Plans mit wesentlichen Schritten (vgl. SHEFFELS & SYTSMA 2007). Weiterhin wäre zu überlegen, ob man einen Einsatz von speziell ausgebildeten Jägern, die sich vermehrt auf Nutrias festlegen, wie etwa in den Niederlanden der Fall, in Betracht ziehen könnte.

Abschließend sei noch angemerkt, dass in Deutschland Überlegungen zu einem Nutriamanagementplan immer häufiger angestellt werden, weil die Zahl der Tiere immer mehr steigt, während in der Heimat der Tiere, in Argentinien, ähnliche Überlegungen getätigt wurden. Dies wurde dort jedoch nicht getan, um die Zahl der Nutrias zu reduzieren, sondern um sie kontrolliert zu erhalten und stellenweise sogar zu vermehren.

11. Zusammenfassung

Die Nutria ist ein semiaquatisches Säugetier, das ursprünglich aus Südamerika stammt. Durch Pelztierzucht wurde sie in der Vergangenheit in viele Länder, inklusive Deutschland, eingeführt. Durch unkontrollierte Freilassungen und Fluchten, gelangten immer wieder Tiere in die Wildnis und konnten in vielen Ländern eigenständige Populationen gründen.

Durch intensive Literaturrecherche wurde in dieser Untersuchung die aktuelle Datenlage zur Ökologie, zur Verbreitung, zu den Schäden und zu Kontrollmaßnahmen der Nutria dargestellt und erläutert.

Durch ihre gute Anpassungsfähigkeit gelang es der Nutria, sich in Deutschland und anderen Ländern neben Bisam und Biber zu etablieren. Möglicherweise existiert eine vermehrte Konkurrenz zum Bisam in Deutschland. Durch ihre opportunistische Ernährungsweise ist die Nutria in der Lage, sich auch in für sie suboptimalen Gebieten anzusiedeln. Durch die jahrelange Zucht wurden fast ausschließlich die besonders starken, überlebensfähigen und robusten Tiere gezüchtet, welches eine erfolgreiche Ausbreitung fördert. In Deutschland gelang es der Nutria, sich innerhalb weniger Dekaden im nahezu gesamten Bundesgebiet auszubreiten. Die Ausbreitung wurde massiv durch die zahlreichen unkontrollierten Freilassungen der Tiere aus Fellfarmen unterstützt, die aufgrund mangelnder Nachfrage schließen mussten. Auch in anderen Ländern wie Frankreich, Italien, Belgien, Niederlanden und USA hat sich die Nutria etablieren können.

Durch das Graben von Höhlen in Ufern und den enormen Fraßdruck auf die heimische Flora, hat die Nutria einen immensen Einfluss auf die Ökosysteme in Deutschland und Europa.

Auch kommt es durch die Grabaktivitäten und Konsumierung von landwirtschaftlichen Produkten vielfach zu wesentlichen wirtschaftlichen Schäden. Diese Schäden konnten jedoch bisher nur unzureichend in Deutschland und nur vereinzelt in einigen Ländern mit konkreten Zahlen untermauert werden. Die landwirtschaftlichen Schäden treten außerdem nur in Habitaten auf, wo nicht genügend natürliche Vegetation für die Nutria vorhanden ist. Weiter besteht die Gefahr von ansteckenden Krankheiten der Nutria in Deutschland, die auf die heimische Fauna übertragen werden können.

Kontrollmaßnahmen und Eindämmungsaktionen sind in Deutschland bisher nur vereinzelt vorhanden, jedoch gibt es noch kein einheitliches Konzept. Ein Hauptproblem besteht in der Frage der Zuständigkeit, die noch nicht abschließend geklärt ist. In anderen Ländern wie England, Italien und USA gab es bereits einige erfolgreiche Eindämmungs- und Ausrottungskampagnen, die stellenweise auf Deutschland übertragen werden können. Dennoch gibt es auch in diesen Länder, wie etwa Italien, die Problematik der Zuständigkeit zur Kontrolle der Nutriabestände.

Im Zuge des Klimawandels ist in den meisten Ländern davon auszugehen, dass sich die Nutria weiter ausbreiten wird. In Deutschland sind einige potenziell geeignete Habitate von der Nutria noch nicht besiedelt worden. Hier ist besonders der urbane Raum zu erwähnen, wo Nutrias durch Fütterungen der Bevölkerungen intensiv gefördert werden und sich somit dort sehr gut ausbreiten könnten, wie es bereits in manchen Städten der Fall ist. Zwar kommt es bei strengen Wintern immer wieder zu starken Verlusten der Nutriapopulationen, doch können diese durch ihre enorm hohe Reproduktionsrate solche Verluste wieder ausgleichen.

12. Literaturverzeichnis

ABBAS, A. (1991): *Feeding strategy of coypu (Myocastor coypus) in central western France.* In: *Journal of Zoology: Proceedings of the Zoological Society of London.* Wiley-Blackwell, Oxford. 224:358-401. ISSN 0022-5460

ADRIANI, S.; BONANNI, M.; AMICI, A. (2011): *Study on the presence and perception of coypu (Myocastor coypus Molina, 1782) in three areas of Lazio region (Italy).* In: *8th European Vertebrate Pest Management Conference.* Julius-Kühn-Archiv. 432:49-50

ALYASSINO, Y. (1989): *Zur Trichophytie des Sumpfbibers (Myocastor coypus) unter Berücksichtigung von Dermatomykosen landwirtschaftlicher Nutztiere.* Dissertation, Humboldt-Universität Berlin. 89 S.

ARNOLD, A. (2011): *Zum Vorkommen des Nutria oder Sumpfbibers (Myocastor coypus) an der Weißen Elster von Leipzig bis zur Landesgrenze westlich Schkeuditz.* In: *Mitteilungen für sächsische Säugetierfreunde.* Freiberg. 11-17

ATKINSON, N. (2005): *Precision Extinction Eradicating a species when you want isn't that easy.* In: *The Scientist: the newspaper for the science professional.* Philadelphia. 19(22):16-21. ISSN 0890-3670

AZARA, F. (1801): *Essai sur l'histoire naturelle des Quadrupèdes de la Province du Paraguay.* Paris

BAKER, S. (2006): *The eradication of coypus (Myocastor coypus) from Britain: the elements required for a successful campaign.* In: *Assessment and Control of Biological Invasion Risks.* Shoukadoh Book Sellers, Gland. 142-147

BAROCH, J.; HAFNER, M. (2002): *Biology and natural history of the nutria, with special reference to nutria in Louisiana.* In: *Nutria (Myocastor coypus) in Louisiana.* Louisiana Department of Wildlife and Fisheries, Wellington. 3-89

BARRAT, J.; RICHOMME, C.; MOINET, M. (2010): *The accidental release of exotic species from breeding colonies and zoological collections.* In: *Revue scientifique et technique (International Office of Epizootics).* Office international des epizooties, Paris. 29(1):113-122. ISSN 0253-1933

BARTEL, M.; GRAUER, A.; GREISER, G.; HEYEN, B.; KLEIN, R.; MUCHIN, A.; STRAUß, E.; WENZELIDES, L.; WINTER, A. (2007): *Wildtier-Informationssystem der Länder Deutschlands. Status und Entwicklung ausgewählter Wildtierarten in Deutschland, Jahresbericht 2006.* Deutscher Jagdschutz-Verband e.V., Bonn. 62-63

BERTOLINO, S.; PERRONE, A.; GOLA, L. (2005): *Effectiveness of coypu control in small Italian wetland areas.* In: *Wildlife Society Bulletin.* The Wildlife Society. 33(2):714-720

BERTOLINO, S.; INGEGNO, B. (2009): *Modelling the distribution of an introduced species: The coypu Myocastor coypus (Mammalia, Rodentia) in Piedmont region, NW Italy.* In: *Italian Journal Of Zoology.* Mucchi, Modena. 76(3):340-346. ISSN 037-4137

BERTOLINO, S.; VITERBI, R. (2010): *Long-term cost-effectiveness of coypu (Myocastor coypus) control in Piedmont (Italy).* In: *Biological Invasions.* Springer. 12:2549-2558

BERTOLINO, S.; ANGELICI, C.; MONACO, E.; MONACO, A.; CAPIZZI, D. (2011): *Interactions between coypu (Myocastor coypus) and bird nests in three Mediterranean wetlands of central Italy.* In: *Histrix Italian Journal of Mammalogy.* 22(2):333-339

BERTOLINO, S.; GUICHÓN, M.L.; CARTER, J. (2012): *Myocastor coypus Molina (coypu).* In: *A handbook of global freshwater invasive species.* Earthscan, New York. 357-368. ISBN 978-1-84971-228-6

BETTAG, E. (1988): *Zum Stand der Einwanderung und Verbreitung des Nutria in Rheinland-Pfalz.* In: *Mainzer naturwissenschaftliches Archiv.* 22-26

BIELA, C. (2008): *Die Nutria (Myocastor coypus Molina 1782) in Deutschland – Ökologische Ursachen und Folgen der Ausbreitung einer invasiven Art.* Diplomarbeit, Technische Universität München. 101 S.

BORGNIA, M.; GALANTE, M.L.; CASSINI, M.H. (2000): *Diet of the coypu (Nutria, Myocastor coypus) in agro-systems of Argentinean pampas.* In: *The Journal Of Wildlife Management.* Wiley-Blackwell, Oxford. 64(2):354-361. ISSN 0022-541X

BRAINICH, H.-H. (2008): *Nutrias an der Saale.* In: *Saalfeld informativ.* Regio Werbung Stapelfeld, Saalfeld. 17(11/12):44-45

BROCK, R. (2005): *Lake on the edge* (Film). Living Planet Productions, Bristol. 29 Minuten

BROWN, T.L. (2002): *Socioeconomic and cultural analysis of nutria in Louisiana.* In: *Nutria (Myocastor coypus) in Louisiana.* Louisiana Department of Wildlife and Fisheries, Wellington. 90-110

CARTER, J.; LEE FOOTE, A.; JOHNSON-RANDALL, L. (1999): *Modelling the effects of Nutria (Myocastor coypus) on wetland loss.* In: *Wetlands.* Springer. 19(1):209-219

CARTER, J.; LEONARD, B.P. (2002): *A review of the literature on the worldwide distribution, spread of, and efforts to eradicate the coypu (Myocastor coypus).* In: *Wildlife Society Bulletin.* 30(1):162-175

CARTER, J. (2007): *Worldwide distribution, spread of, and efforts to eradicate The Nutria (Myocastor coypus).* URL: http://www.nwrc.usgs.gov/special/nutria/ [14.01.2012]

COCCHI, R. & RIGA, F. (1999): *Nutria Myocastor coypus (Molina 1782).* In: *Italian Mammals.* Ministero dell'Ambiente, Servizio Conservazione della Natura and Istituto Nazionale per la Fauna Selvatica, Rom. 139 S.

COCCHI, R.; RIGA, F. (2008): *Control of a coypu Myocastor coypus population in northern Italy and management implications.* In: *Italian journal of zoology.* Modena 75(1):37-42. ISSN 0373-4137

COLARES, I.; OLIVEIRA, R.N.V.; OLIVEIRA, R.M.; COLARES, E. (2010): *Feeding habits of coypu (Myocastor coypus MOLINA 1978) in the wetlands of the Southern region of Brazil.* In: *Annals of the Brazilian Academy of Sciences.* Rio de Janeiro. 82(3):671-678. ISSN 0001-3765

CORRIALE, M.J.; ARIAS, S.M.; BÓ, R.F.; PORINI, G. (2006): *Habitat-use patterns of the coypu (Myocastor coypus) in an urban wetland of its original distribution.* In: *Acta Theriologica.* Springer, Heidelberg. 51(3):295-302. ISSN 0001-7051

D'ADAMO, P.; GUICHÓN, M.; BÓ, R.; CASSINI, M. (2000): *Habitat use by coypu (Myocastor coypus) in agro-systems of the Argentinean Pampas.* In: *Acta Theriologica.* Springer, Heidelberg. 45(1):25-34. ISSN 0001-7051

DAISIE (2012): *Myocastor coypus.* URL: http://www.europe-aliens.org/speciesFactsheet.do?speciesId=52881 [28.01.2012]

DE LEMOS, E.R.S.; D'ANDREA, P.S.; BONVICINO, C.R.; FAMADAS, K.M.; PADUAL, P.; CAVALCANTI, A.A.; SCHATZMAYR, H.G. (2004): *Evidence of hantavirus infection in wild rodents captured in a rural area of the state São Paulo, Brazil*. In: *Pesquisa Veterinária Brasileira*. 24(2):71-73

DEUTSCHER VERBAND FÜR WASSERWIRTSCHAFT UND KULTURBAU, DVWK (1997): *Bisam, Biber, Nutria: Erkennungsmerkmale und Lebensweisen. Gestaltung und Sicherung gefährdeter Ufer, Deiche und Dämme*. In: *DVWK-Merkblätter zur Wasserwirtschaft*. Wirtschafts- und Verl.-Ges. Gas und Wasser, Bonn. 247:63 S. ISBN 3895540439

DEUTZ, A. (2001): *„Fremdling" – Nutria*. In: *Der Anblick: Zeitschrift für Jagd, Fischerei, Jagdhundewesen und Naturschutz*. Steirische Landesjägerschaft, Graz. 12:14-15

DOLCH, D.; TEUBNER, J. (2001): *Zur aktuellen Situation einiger Neozoen in Brandenburg*. In: *Beiträge zur Jagd- und Wildforschung*. Gesellschaft für Wildtier- und Jagdforschung, Halle/Saale. 26:219-227

DONCASTER, C.; MICOL, T. (1989): *Annual cycle of a coypu (Myocastor coypus) population: male and female strategies*. In: *Journal of Zoology: Proceedings of the Zoological Society of London*. Wiley-Blackwell, Oxford. 217(2):227-240. ISSN 0022-5460

DONCASTER, C.; DUMONTEIL, E.; BARRÉ, H.; JOUVENTIN, P. (1990): *Temperature regulation of young coypus (Myocastor coypus) in air and water*. In: *American Journal of Physiology – Regulatory, Integrative and Comparative Physiology*. The American Physiological Society. 259(28):1220-1227

EBENHARD, T. (1988): *Introduced birds and mammals and their ecological effects*. In: *Swedish Wildlife Research*. 13(4):5-107

EGUSA, S.; SAKATA, H. (2009): *Status of coypu control Hyogo Prefecture*. In: *Japanese journal of limnology*. Gakkai, T ky. 70(3):273-276. ISSN 0021-5104

EHRLICH, S. (1964): *Studies on the Influence of Nutria on Carp Growth*. In: *Hydrobiologia*. 23(1-2):196-210

EHRLICH, S. (1969): *Zur Verhaltensweise von Sumpfbibern (Myocastor coypus). Insbesondere zur Besiedlungsdichte und deren Selbstregulierung*. Dissertation, Gießen. 125 S.

ELLIGER, A. (1997): *Die Nutria*. In: *Jagd und Wild in Baden-Württemberg*. Wildforschungsstelle des Landes Baden-Württemberg, Aulendorf. 12 S.

FRANKLIN, J. (2010): *Mapping species distributions: spatial inference and prediction.* In: *Ecology, biodiversity and conservation.* Cambridge University Press, Cambridge. 262-317

GAYO, V.; CUERVO, P.; ROSADILLA, D.; BIRRIEL, S.; DELL'OCA, L.; TRELLES, A.; CUORE, U.; MERA, R. (2011): *Natural Fasciola hepatica infection in Nutria (Myocastor coypus) in Uruguay.* In: *Journal of Zoo and Wildlife Medicine.* American Association of Zoo Veterinarians. 42(2):354-356

GCM (2012): *Downscaled GCM Data Portal.* URL: http://www.ccafs-climate.org. [17.04.2012]

GLOBAL BIODIVERSITY INFORMATION FACILITY (2012): *Myocastor coypus.* URL: http://data.gbif.org/welcome.htm [28.03.2012]

GEBHARDT, H. (1996): *Ecological and economic consequences of introductions of exotic wildlife (birds and mammals) in Germany.* In: *Wildlife Biology.* Freiburg. 2(3):205-211

GHERARDI, F.; BRITTON, J.R.; MAVUTI, K.M.; PACINI, N.; GREY, J.; TRICARICO, E.; HARPER, D.M. (2011): *A review of allodiversity in Lake Naivasha, Kenya: Developing conservation actions to protect East African lakes from the negative impacts of alien species.* In: *Biological Conservation.* Elsevier, Barking. 144(11):2585-2596. ISSN 0006-3207

GOSLING, L.; WRIGHT, K. (1994): *Scent marking and resource defence by male coypus (Myocastor coypus).* In: *Journal of Zoology: Proceedings of the Zoological Society of London.* Wiley-Blackwell, Oxford. 234(3):423-436. ISSN 0022-5460

GRAUER, A.; GREISER, G.; KEULING, O.; KLEIN, R.; STRAUß, E.; WENZELIDES, L.; WINTER, A. (2008): *Wildtier-Informationssystem der Länder Deutschlands. Status und Entwicklung ausgewählter Wildtierarten in Deutschland, Jahresbericht 2008.* Deutscher Jagdschutz-Verband e.V. (Hrsg.), Bonn. 88 S.

GRID-ARENDAL (2012): *Environmental Knowledge Of Change.* URL: http://www.grida.no/climate. [17.04.2012]

GUICHÓN, M; BENÍTEZ, V.; ABBA, A.; BORGNIA, M.; CASSINI, M. (2003): *Foraging behavior of coypus Myocastor coypus: why do coypus consume aquatic plants?* In: *Acta Oecologica.* 24(5-6):241-246. ISSN 1146-609x

GUICHÓN, M.; BORGNIA, M.; FERNÁNDEZ RIGHI, C.; CASSINI, G.; CASSINI, M. (2003): *Social behavior and group formation in the coypu (Myocastor coypus) in the Argentinean pampas.* In: *Journal of Mammalogy.* American Society of Mammalogists. 84(1):254-262

GUICHÓN, M.; DONCASTER, C.P.; CASSINI, M.H. (2003): *Population structures of coypus (Myocastor coypus) in their region of origin and comparison with introduced populations.* In: *Journal Of Zoology.* London 261:265-272

GUICHÓN, M.; CASSINI, H. (2005): *Population parameters of the indigenous populations of Myocastor coypus: the effect of hunting pressure.* In: *Acta Theriologica.* Springer, Heidelberg. 50(1):125-132. ISSN 0001-7051

HARAMIS, G.; WHITE, T. (2011): *A beaded collar for dual micro GPS/VHF transmitter attachment to nutria.* In: *Mammalia.* De Gruyter, New York. 75:79-82

HARTEL, K.S.; SPITTLER, H.; DOERING, H.; WINKELMANN, J.; HOERAUF, A.; REITER-OWONA, I. (2004): *The function of wild nutria (Myocastor coypus) as intermediate hosts for Echinococcus multilocularis in comparison to wild muskrats (Ondatra zibethicus).* In: *International Journal for Medical Microbiology.* Elsevier. 293(38)

HEIDECKE, D.; RIECKMANN, W. (1998): *Die Nutria – Verbreitung und Probleme – Position zur Einbürgerung.* In: *Naturschutz und Landschaftspflege in Brandenburg.* Landesamt für Umwelt, Gesundheit und Verbraucherschutz Brandenburg. 77-78. ISSN 0942-9328

HEIDECKE, D.; STUBBE, M.; KÖNIGSFELD, T. (2001): *Status der Nutria Myocastor coypus (Molina, 1782) in Deutschland.* In: *Beiträge zur Jagd- und Wildforschung.* Gesellschaft für Wildtier- und Jagdforschung, Halle/Saale. 26:321-338

HEIDECKE, D. (2009): *Die Nutria in Ausbreitung.* In: *Säugetierkundliche Informationen.* 7:269-272

HIJMANS, R.J.; CRUZ, M.; ROJAS, E.; GUARINO, L. (2001): *Computer tools for spatial analysis of plant genetic resources data: 1. DIVA-GIS. Plant Genet. Res. Newsl.* 127:15-19

HIJMANS, R.J.; CAMERON, S.E.; PARRA, J.L.; JONES, P.G.; JARVIS, A. (2005): *Very high resolution interpolated climate surfaces for global land areas.* In: *International journal of climatology: a journal of the Royal Meteorological Society.* Wiley, Chichester. 25:1965-1978. ISSN 0899-8418

HOLTMEIER, F.-K. (2002): *Tiere in der Landschaft - Einfluss und ökologische Bedeutung.* Ulmer, Stuttgart. 367 S.

JOHANSHON, S. (2011): *Nutrias in Niedersachsen: Zwickmühle.* In: Niedersächsischer Jäger. Deutscher Landwirtschaftsverlag, Hannover. 56(9):10-12

JOJOLA, S.M.; WITMER, G.; NOLTE, D. (2005): *Nutria: An invasive rodent pest or valued resource?* In: Proceedings of the 11th Wildlife Damage Management Conference. Nolte, D.L. & Fagerstone, K.A. 120-126

JOJOLA, S.; WITMER, G.; BURKE, P. (2009): *Evaluation of Attractants to Improve Trapping Success of Nutria on Louisiana Coastal Marsh.* In: Journal of Wildlife Management. The Wildlife Society. 73(8):1414-1419

KINZELBACH, R. (1995): *Neozoans in European waters – Exemplifying the worldwide process of invasion and species mixing.* In: Experientia. Birkhäuser Verlag, Basel. 51:526-538

KINZELBACH, R. (2001): *Nutria, Sumpfbiber – Myocastor coypus (MOLINA, 1782).* In: Neue Tiere in Deutschland – Steckbriefe. Arbeitsgruppe Neozoen – Allgemeine & Spezielle Zoologie Universität Rostock. 10 S.

KLEIN, M. (2007): *Waschbär (Procyon lotor), Marderhund (Nyctereutes procyonoides), Nutria (Myocastor coypus) und Co – Neozoen in Thüringen.* In: Artenschutzreport. Jena. 21:18-22. ISSN 0940-8215

KLEMANN, N. (2001): *Das „Europareservat Rieselfelder Münster" als Habitat der allochthonen Nutria (Myocastor coypus).* In: Säugetierkundliche Informationen. Jena. 5(25):57-68

KRAFT, R.; VAN DER SANT, D. (2002): *Neodingsda.* In: Die Pirsch. Deutscher Landwirtschaftsverlag. 4-11

KRATTENMACHER, R.; RÜBSAMEN, K. (1987): *Thermoregulatory significance of non-evaporative heat loss from the tail of the coypu (Myocastor coypus) and the tammar-wallaby (Macropus eugenii).* In: Journal of Thermal Biology. Elsevier. 12(1):15-18

KREIS WESEL UNTERE LANDSCHAFTSBEHÖRDE (2009): *Schäden durch Tiere der Art Bisam (Ondatra zibethica) und Nutria (Myocastor coypus) - Informationen über Möglichkeiten zur Bestandslenkung.* In: Information: Bisam und Nutria. Kreis Wesel am Niederrhein. 4 S.

LANDESJÄGERSCHAFT NIEDERSACHSEN (2012): *Wildtiere Nutria.* URL: http://www.wildtiermanagement.com/wildtiere/haarwild/nutria/ [13.11.2011]

LeBlanc, D.J. (1994): *Nutria.* In: *Prevention and control of wildlife damage.* S. E., Timm, R.M. & Larson, G.E., Lincoln. 71-80

Leggieri, L.; Guichón, M.; Cassini, M. (2011): *Landscape correlates of the distribution of coypu Myocastor coypus (Rodentia, Mammalia) in Argentinean Pampas.* In: *Italian Journal of Zoology.* Modena. 78(1):124-129. ISSN 1125-0003

Ludwig, M. (2000): *Neue Tiere und Pflanzen in der heimischen Natur – Einwandernde Arten erkennen und bestimmen.* BLV Buchverlag GmbH & Co. KG, München. 127 S.

Mach, J.J.; Poché, R.M. (2002): *Nutria control in Louisiana.* In: *Nutria (Myocastor coypus) in Louisiana.* Louisiana Department of Wildlife and Fisheries, Wellington. 111-155

Männchen, B.-M. (2009): *Untersuchungen zur Domestikation des Sumpfbibers (Myocastor coypus) anhand der Beurteilung zahmer und aggressiver Linien.* Dissertation Humboldt-Universität Berlin. 99 S.

Marini, F.; Ceccobelli, S.; Battisti, C. (2011): *Coypu (Myocastor coypus) in a Mediterranean remnant wetland: a pilot study of a yearly cycle with management implications.* In: *Wetlands Ecology and Management.* Springer. 19:159-164

Martino, P.; Sassaroli, J.; Calvo, J.; Zapata, J.; Gimeno, E. (2008): *A mortality survey of free range nutria (Myocastor coypus).* In: *European Journal of Wildlife Research.* Springer. 54:293-297

McFalls, T.B.; Keddy, P.A.; Campbell, D.; Shaffer, G. (2010): *Hurricanes, Floods, Levees, and Nutrias: Vegetation Responses to Interacting Disturbance and Fertility Regimes with Implications for Coastal Wetland Restoration.* In: *Journal of Coastal Research.* Coastal Education and Research Foundation, West Palm Beach. 26(5):901-911

Merino, S.; Carter, J. (2007); Thibodeaux, G.: *Testing Tail-mounted Transmitters with Myocastor coypus (Nutria).* In: *Southeastern Naturalist.* Humboldt Field Research Institute. 6(1):159-164

Meyer, J. (2001): *Die Nutria Myocastor coypus (Molina, 1782) – eine anpassungsfähige Wildart.* In: *Beiträge zur Jagd- und Wildforschung.* Gesellschaft für Wildtier- und Jagdforschung, Halle/Saale. 26:339-347

MEYER, J.; KLEMANN, N.; HALLE, S. (2005): *Diurnal activity patterns of coypu in an urban habitat.* In: *Acta Theriologica.* Springer, Heidelberg. 50(2):207-211. ISSN 0001-7051

MEYER, J. (2006): *Field Methods for Studying Nutria.* In: *Wildlife Society Bulletin.* The Wildlife Society. 34(3):850-852

MICHEL, V.; RUVOEN-CLOUET, N.; MENARD, A.; SONRIER, C.; FILLONNEAU, C.; RAKOTOVAO, F.; GANIÈRE, J.P.; ANDRÉ-FONTAINE, G. (2001): *Role of the coypu (Myocastor coypus) in the epidemiology of leptospirosis in domestic animals and humans in France.* In: *European Journal of Epidemiology.* Kluwer Academic Publishers. 17:111-121

MITCHELL-JONES, A.J. ; AMORI, G.; BOGDANOWICZ, B.; KRYSTUFEK, P.; REIJNDERS, P.J.H.; SPITZENBERGER, F.; STUBBE, M.; THISSEN, J.B.M..; VOHRALIK, V.; ZIMA, J. (1999): *The atlas of European mammals.* A & C Black, London. 433 S.

MURARIU, D.; CHIŞAMERA, G. (2004): *Myocastor coypus Molina, 1782 (Mammalia: Rodentia: Myocastoridae), a new report along the Danube river in Romania.* In: *Travaux du Museum National d'Histoire Naturelle.* 46:281-287

NATURGUCKER (2012): *Myocastor coypus.* URL: http://naturgucker.de/natur.dll/EXEC [28.03.2012]

NENTWIG, W. (2011): *Unheimliche Eroberer: Invasive Pflanzen und Tiere in Europa.* Haupt. 256 S. ISBN 325807660X

NIEWOLD, F.J.J.; LAMMERTSMA, D.R. (2000): *Beverratten in opmars. Onderzoek naar levenskansen, effecten en bestrijding.* In: *Alterra-report.* Wageningen. 140 S.

NIX, H. (1986): *A biogeographic analysis of Australian elapid snakes.* In: Longmore R, ed. *Atlas of elapid snakes of Australia.* Bureau of Flora and Fauna, Canberra. 4-15

NOLFO-CLEMENTS, L.; HAMMOND, E. (2006): *A Novel Method for Capturing and Implanting Radiotransmitters in Nutria.* In: *Wildlife Society Bulletin.* The Wildlife Society. 34(1):104-110

NOLFO-CLEMENTS, L. (2009): *Nutria Survivorship, Movement Patterns, and Home Ranges.* In: *Southeastern Naturalist.* Humboldt Field Research Institute. 8(3):399-410

ÖZKAN, B. (1999): *Invasive coypus, Myocastor coypus (Molina, 1782), in the European part of Turkey.* In: *Israel Journal of Zoology.* Laser Pages Publishing, Jerusalem. 45(2):289-291. ISSN 0021-2210

PALOMARES, F.; BÓ, R.; BETRÁN, J.; VILLAFAÑE, G.; MORENO, S. (1994): *Winter circadian activity pattern of free-ranging coypus in Paraná River Delta, eastern Argentina.* In: *Acta Theriologica.* Springer, Heidelberg. 39(1):83-88. ISSN 0001-7051

PANZACCHI, M.; BERTOLINO, S.; COCCHI, R.; GENOVESI, P. (2007): *Population control of coypu Myocastor coypus in Italy compared to eradication in UK: a cost-benefit analysis.* In: *Wildlife Biology.* Freiburg. 13:159-171

PAPINI, R.; NARDONI, S.; RICCHI, R.; MANCIANTI, F. (2008): *Dermatophytes and other keratinophilic fungi from coypus (Myocastor coypus) and brown rats (Rattus norvegicus).* In: *European Journal of Wildlife Research.* Springer. 54:455-459

PELZ, H.-J.; KLEMANN, N.; GIESEMANN, R. (1997): *Zur Entwicklung der Nutriabestände in Westfalen.* In: *Abhandlungen aus dem Westfälischen Museum für Naturkunde / LWL-Museum für Naturkunde, Westfälisches Landesmuseum mit Planetarium, Landschaftsverband Westfalen-Lippe.* LWL-Museum für Naturkunde, Münster. 97-105

PHILLIPS, S.J.; ANDERSON, R.P.; SCHAPIRE, R.E. (2006): *Maximum entropy modeling of species geographic distributions.* In: *Ecological Modelling.* 190(3-4):231-259. ISSN 0304-3800

PRIGIONI, C.; BALESTRIERI, A.; REMONTI, L. (2005): *Food habits of the coypu, Myocastor coypus, and its impact on aquatic vegetation in a freshwater habit of NW Italy.* In: *Folia Zoologica.* Pavia. 54(3):269-277

REGGIANI, G.; BOITANI, L.; DE STEFANO, R. (1995): *Population dynamics and regulation in the coypu Myocastor coypus in central Italy.* In: *Ecography: pattern and diversity in ecology.* Blackwell, Oxford. 18(2):138-146. ISSN 0906-7590

REGGIANI, G. (1999): *Myocastor coypus (Molina; 1782).* In: *The Atlas of European Mammals.* Academic Press, London. 484 S.

RUYS, T.; LORVELEC, O.; MARRE, A.; BERNEZ, I. (2011): *River management and habitat characteristics of three sympatric aquatic rodents: common muskrat, coypu and European beaver.* In: *European Journal of Wildlife Research.* Springer. 57:851-864

SALSAMENDI, E.; LATIERRO, L.; O'BRIEN, J. (2009): *Current distribution of the coypu (Myocastor coypus) in the Basque Autonomous Community, Northern Iberian Peninsula.* In: *Hystrix – Italian Journal of Mammology.* 20(2):155-160

SCHMIDT, E. (2001): *Bisam und Nutria – Neubürger an urbanen Gewässern.* In: *Unterricht Biologie.* Friedrich Verlag. 25:53-56

SCHÜRG-BAUMGÄRTNER, A. (1990): *Die akustische Kommunikation von Nutria (Myocastor coypus) und Capybara (Hydrochoerus hydrochaeris).* Dissertation Universität Hohenheim, Dissertationsdruck Vervielfältigungen F.U.T. Müllerbader. 132 S.

SCHÜRING, A. (2010): *Schad-Nager.* In: *Pirsch – Das aktuelle Jagdmagazin.* Deutscher Landwirtschaftsverlag. Heft 5

SHEFFELS, T.; SYTSMA, M. (2007): *Report on Nutria Management and Research in the Pacific Northwest.* Center for Lakes and Reservoirs Environmental Sciences & Resources, Portland State University. 57 S.

SIMBERLOFF, D. (2009): *Rats are not the only introduced rodents producing ecosystem impacts on islands.* In: *Biological Invasions.* Springer. 11:1735-1742

STADT PFORZHEIM AMT FÜR UMWELTSCHUTZ (2011): *Nutria.* In: *Problematische Pflanzen- und Tierarten in Pforzheim.* Stadt Pforzheim Amt für Umweltschutz. 1 S.

STUBBE, M. (1982): *Myocastor coypus (Molina, 1782) – Nutria. E: Coypu; F: Le Ragondin, Nutria.* In: *Handbuch der Säugetiere Europas. Rodentia II.* Akademische Verlagsgesellschaft, Wiesbaden. 607-630

STUBBE, M. (1992): *Die Nutria Myocastor coypus in den östlichen deutschen Bundesländern.* In: *Semiaquatische Säugetiere: Materialien des 2. Internationalen Symposiums Semiaquatische Säugetiere.* Institut für Zoologie, Halle/Saale. 80-97. ISSN 3-86010-362-8

STUBBE, M.; HEIDECKE, D.; STUBBE, A. (2009): *Nutria und Biber im Spannungsfeld von Jagd und Naturschutz.* In: *Neubürger und Heimkehrer in der Wildtierfauna.* Halle/Saale. 63-98

TAKAHASHI, T.; SAKAGUCHI, E. (1998): *Behaviors and nutritional importance of coprophagy in captive adult and young nutrias (Myocastor coypus).* In: *Journal of Comparative Physiology B.* Springer. 168:281-288

VERBEYLEN, G. (2002): *Coypus (Myocastor coypus) in Flanders: how urgent is their control?* In: *Lutra: organ van de Vereniging voor Zoogdierkunde en Zoogdierbescherming.* Brill, Leiden. 45(2):83-96. ISSN 0024-7634

WALTHER, B.; LEHMANN, M.; FUELLING, O. (2011): *Approaches to deal with the coypu (Myocastor coypus) in urban areas – an example of practice in southern Brandenburg, Germany*. In: *8th European Vertebrate Pest Management Conference*. Julius-Kühn-Archiv. 432:36-37

WATERKEYN, A.; PINEAU, O.; GRILLAS, P.; BRENDONCK, L. (2010): *Invertebrate dispersal by aquatic mammals: a case study with Nutria Myocastor coypus (Rodentia, Mammalia) in Southern France*. In: *Hydrobiologia*. Springer. 654:267-271

WEBER, A. (2011): *Wenn der Mensch sich einmischt – Kleine Mungos (Herpestes javanicus) als Bioninvasor*. In: *Rodentia*. Natur und Tier – Verlag, Münster. 65:12(1):25-27. ISSN 1617-6170

WENZEL, U.D. (1990): *Das Pelztierbuch*. Deutscher Landwirtschaftsverlag, Berlin. 439 S.

WIEGEL, H.; RIEMANN, A.; COBURGER, K. (2011): *Problemtier Nutria im Greizer Park*. In: *Der Heimatbote: Beiträge aus dem Landkreis Greiz und Umgebung*. Förderverein, Greiz. 57(12):37-39

WILLNER, G. R. (1982): *Nutria. Myocastor coypus*. In: *Wild Mammals of North America. Biology, management, and economics*. Chapman, J. A. & Feldhamer, G. A. (Hrsg.), Baltimore. 1059–1076

WITMER, G.; BURKE, P.; JOJOLA, S.; NOLTE, D. (2008): *A live trap model and field trial of nutria (Rodentia) multiple capture trap*. In: *Mammalia*. De Gruyter, New York. 72:352-354

WOODS, C.A.; CONTRERAS, L.; WILLNER-CHAPMAN, G.; WHIDDEN, H.P. (1992): *Myocastor coypus*. In: *Mammalian Species*. 398:1-8

WORLDCLIM (2012): *Global Climate Data*. URL: http://www.worldclim.org. [17.04.2012]

XU, H.; QIANG, S.; HAN, Z.; GUO, J.; HUANG, Z.; SUN, H.; HE, S; DING, H.; WU. H.; WAN, F. (2006): *The status and causes of alien species invasion in China*. In: *Biodiversity and Conservation*. Springer. 15:2893-2904

ZAHNER, V. (2004): *Verdrängen Bisam und Nutria den heimischen Biber?* In: *LWF aktuell*. Bayrische Landesanstalt für Wald und Forstwirtschaft, Freising. 45:38-39. ISSN 1435-7098

13. Anhang

Anhang 1: Adressen der für die Jagdstrecken zuständigen Behörden und Institutionen der Bundesländer (aus GRAUER ET AL. 2008).

Bundesland	Behörde
Baden-Württemberg	Wildforschungsstelle des Landes Baden-Württemberg, 88326 Aulendorf
Bayern	Bayerisches Staatsministerium für Landwirtschaft und Forsten, Oberste Jagdbehörde, 80539 München
Berlin	Senatsverwaltung für Stadtentwicklung Berlin, Abt. I, 10179 Berlin-Mitte
Brandenburg	Ministerium für Ländliche Entwicklung, Umwelt- und Verbraucherschutz des Landes Brandenburg, Abt. 2 - Ländliche Entwicklung, Landwirtschaft, 14473 Potsdam
Bremen	Stadtjägermeister Bremen, Landesjägerschaft Bremen e. V., 28209 Bremen
Hamburg	Behörde für Wirtschaft und Arbeit der Stadt Hamburg, Oberste Jagdbehörde, 20459 Hamburg
Hessen	Hessisches Ministerium für Umwelt, Energie, Landwirtschaft und Verbraucherschutz, Oberste Jagdbehörde, 65189 Wiesbaden, im Benehmen mit den Regierungspräsidien
Mecklenburg-Vorpommern	Ministerium für Ernährung, Landwirtschaft, Forsten und Fischerei des Landes Mecklenburg-Vorpommern, Oberste Jagdbehörde, 19048 Schwerin
Niedersachsen	Niedersächsisches Ministerium für Ernährung, Landwirtschaft, Verbraucherschutz und Landesentwicklung, 30169 Hannover, Landesjagdberichte Niedersachsen
Nordrhein-Westfalen	Landesbetrieb Wald und Holz Nordrhein-Westfalen, Obere Jagdbehörde, 40476 Düsseldorf
Rheinland-Pfalz	Struktur- und Genehmigungsdirektion Süd, Zentralstelle der Forstverwaltung, Oberste Jagdbehörde, 67433 Neustadt/Weinstraße
Saarland	Ministerium für Umwelt des Saarlandes, Oberste Jagdbehörde, 66117 Saarbrücken
Sachsen	Staatsbetrieb Sachsenforst, 01796 Pirna OT Graupa
Sachsen-Anhalt	Landesverwaltungsamt, Forst- und Jagdhoheit, 06114 Halle/Saale
Schleswig-Holstein	Ministerium für Landwirtschaft, Umwelt und ländliche Räume; Abteilung Naturschutz, Forstwirtschaft, Jagd; 24106 Kiel
Thüringen	Thüringer Ministerium für Landwirtschaft, Naturschutz, 99096 Erfurt

14. Danksagung

Mein erster Dank geht an Herrn Prof. Dr. Roland Klein und Herrn Dr. Axel Hochkirch für die Themenstellung und die fachliche Betreuung. Ebenso danke ich Katharina Filz und Dr. Stefan Lötters für ihre kompetente fachliche Hilfe mit „Maxent". Weiterer Dank geht an Anja Mieczkowski für die Gestaltungshilfestellung. Ich danke der Universität Trier sehr, durch die ich an die spannendsten und aktuellsten internationalen Studien gekommen bin, ebenso Inga Nierhoff, für ihre kritische und hilfreiche Beratung trotz Job, Ehemann, Hund und Kind. Ein riesiges Dankeschön geht an meine Eltern, für die vielseitige Unterstützung und die unermüdliche Geduld. Danke, dass ihr mir ermöglicht habt, meinen Weg zu gehen.

Ein ganz besonderer Dank geht an Jennifer Schenke, ohne deren kreatives Engagement und jahrelangen Beistand ich niemals so weit gekommen wäre. Ihr Ansporn und Antrieb ist beispiellos.